量子力学の100年

佐藤文隆
sato numitaka

青土社

量子力学の１００年　目次

はじめに　7

第1章　新「量子」の意味を問う
——「けいはんな哲学カフェ　ゲーテの会」と大澤真幸　13

第2章　クラウザーはなぜ排除されたのか？
——隠れた変数と量子もつれ　31

第3章　存在の「非局所性」と量子情報
——「恥じらい」の実在論　49

第4章　思想で乗り切った量子力学誕生劇
——コペンハーゲン解釈の思想　69

第5章　量子力学の観測者に見るマッハ残照
——アインシュタインとマッハの四つの時期　87

第6章　量子情報の前哨戦
——「世紀転換期」のウィーンとプランクのマッハ批判　105

第7章　エントロピーと主体の参加
——エディントンの二種類の法則　123

第8章　「真の」理論と「良い」理論
——概念の「粒度」と個物　141

第9章　量子力学が哲学だった時代
——西田父子と湯川秀樹　159

第10章　シュレーディンガーのラストメッセージ
——「ウィグナーの友人」とQBism　177

第11章　因果律のキャリアーとしての実体
——ヒューム人間知性論とマッハの力学批判　193

第12章　量子力学に見る科学と鑑賞
――ポスト・「サイエンス・ウォー」の風景　211

おわりに　229

量子力学の１００年

はじめに

量子力学一〇〇年――IYQ2025

二〇二三年六月、国連総会はユネスコの提案で二〇二五年に量子力学百年を記念する取り組み、International Year of Quantum Science and Technology を早々と決議した。* この宣言文で注意すべきが「量子科学と技術（Science and Technology）」であって量子力学や量子物理学でないことであろう。専門分野名も「物理学、化学、物質科学、生物学、情報科学に及ぶ量子サイエンスとテクノロジー」となっている。知識の革新をもたらした事例として「太陽はなぜ輝くか、磁石はどう働くか、化学結合で原子はどう結びつくか、宇宙での銀河分布のパターン」を挙げ、技術としては

* 量子力学の成立史は次のように記述される――一九二四年物質波（ド・ブローイ）、遷移確率の結合則（ボーアら）、一九二五年行列力学（ハイゼンベルク）、一九二六年波動力学（シュレディンガー）、確率解釈（ボルン）、行列力学と波動力学の同等性（ディラック）、一九二七年コペンハーゲン解釈（ボーア、ハイゼンベルク）。簡略にいう場合は「一九二五年ハイゼンベルク、一九二六年シュレーディンガー」である。国連の記念年は「二〇二四年二月に公式布告、二〇二五年が記念年」なのに「早々と（一九二三年に）決議した」のは「一九二四年」始動説を匂わすものがある。これだとド・ブローイのフランスが入る。ユネスコ本部はパリにあり、記念年などの詳細にはフランスの学者の関与が見られることがある。

「エレクトロニクスでのトランジスター、グロバルな情報通信を支えるレーザー、照明に革新をもたらしたLED」とし、国連の唱える「SDGs」に関連させ、最後に「次世代の教育」を強調している。一〇〇年前に誕生した量子力学はいまや様々な分野で活躍している量子科学・技術に成長したという進歩をハイライトしているのである。

おなじく量子力学一〇〇年を見越してのことであろうが、二〇二三年に、Oxford University Pressから『量子解釈歴史のハンドブック（The Oxford Handbook of the History of Quantum Interpretations）』と題した五一編の論文からなる一三一二ページ、厚さが六センチもある、今どき珍しい大部な本が発行された。そしてこの本の最初の論文がFranck Laloëによる「量子力学は実験室でルーティンに使われて大成功しているが、その解釈の合意はまだないままである（Quantum Mechanics is Routinely Used in Laboratories with Great Success, but No Consensus on its Interpretation has Emerged）」という奇妙なタイトルなのである。「合意がなくても実験室では支障がない」とは「社内で揉めているが、お客様には迷惑はかけません」的な、本家の物理学内では何かドロドロした揉めごとを抱えている雰囲気である。祝祭気分満載の国連決議とは違う楽屋裏的な内情も見え隠れする。「物理学、化学、物質科学、生物学、情報科学に及ぶ量子サイエンスとテクノロジー」の全分野勢揃いで一〇〇周年の式典が始まろうとしてるのに、創業家の物理学で「欠けている合意」とは何なのか？　確かに気になることだが、「合意がなくても実験室では支障がない」ことなので気にならない人は敢えて深入りしない方がいいかもしれない。

本書はこの「欠けている合意」が気になったいち定年教授の思索の遍歴である。もっとも、いまの量子力学を「合意」出来るものに改良、改造しようという物理理論の試みではない。一九五〇年代から七〇年代にかけてそのような試みが理論物理の研究として行われたが成功しなかった。この歴史も踏まえて、私は「欠けている合意」とは「科学とは何をすることか?」、あるいは「科学における人間の位置」をめぐる「合意」のなさではないかと考えるようになった。そのため、数式をいじくるような物理学研究の話ではなく、人間の諸活動の中で科学という社会的営みを位置づける人文学的、社会的課題、科学論の課題でもあると考えるようになった。漠然としたもので系統だったものではないが随筆風に想起する論点を『現代思想』誌上の連載で披瀝させて頂いた次第である。本書はそれらに加筆して上梓したものである。

旧量子から新量子へ——「ネコ」から「もつれ」へ

国連決議の「記念年」には必ず洒落たロゴマークが作られている。国際量子科学技術年IYQ2025のロゴマークは紐が絡み合った様子を描いたもので、量子「もつれ(entanglement)」を象徴する図柄である。量子力学の図柄としてながく世間に広まっているシュレーディンガーの「ネコ」ではない点は注意を引く。敢えて定番の「ネコ」でなく「旧量子から新量子へ」の発展を表現する量子「もつれ」を持ってきたと思われる。ある意味で「ネコ」は認識論の象徴であり、

「もつれ」は量子技術の象徴である。実は「ネコ」はアインシュタイン等の「量子もつれなどありえない」というEPR論文に刺激されてシュレーディンガーが「ネコ」論議を登場させたものだった。だが実験の結果はアインシュタインらの考察を裏切って「もつれ」は事実であったのである。二〇二二年のノーベル物理学賞はこの実験を顕彰したものである。このアインシュタインをも誤らせた「不思議」を使う進展として、量子コンピュータや量子暗号といった「新量子」の技術の時代が始まろうとしているのである。

新量子への移行は前記『量子解釈歴史ハンドブック』の表紙にも見ることができる。この本のカバーはジョン・ベルの大きな肖像写真である。文系だろうが理系だろうが知的人間と自負する人ならば、量子力学と聞けばハイゼンベルクやシュレーディンガーの名を思い浮かべるであろうが、彼らを差し置いて何故かベルという人物が表紙を飾っている。「旧量子から新量子へ」の展開を駆動したのがまさにこのベルなのである。そしてこの「展開」を追う中で、私は「欠けている合意」は科学論の齟齬ではないかという考えに傾いたのである。量子力学一〇〇年を迎えるいま、「旧量子から新量子へ」の展開に世間の関心が広がることを期待している。

二〇〇四年、大阪のある高校でのノーベル賞受賞者である江崎玲於奈とアンソニー・レジェットの講演会に同席する機会があった。レジェットは二〇世紀物理の進展は相対論と量子論であったとし、各々の内容に触れる話を一つずつした。相対論での「エレベーターの実験と光の経路の曲がり」の話は一般的だが、量子論ではベル不等式を語ったのには驚いた。限られた時間で「量子論とは？」で何を言うか、プランク定数か、不確定性関係か、「ネコ」実験か、トランジスターやレーザーのハイテクか、素粒子や宇宙の解明か、自分の成果の超流動か……。しかし、そんな中、レジェットの選んだ話題は「ベル」であった。私には、この選択は、高校生ではなく、専門家へのメッセージに聞こえた。量子物理学の専門家でベルを知る人はどれだけいるのだろうか？と訝ったものである。本書はこのベルが物理学を揺さぶった物語でもある。

百家争鳴の果てに

『量子力学の100年』と銘打っているが、本書は国連決議が称揚するような量子科学の成果を記述したものではない。そうではなく、量子力学のスタート時に、物理学の巨匠アインシュタインとボーアが意見を違えたという歴史の烙印の結末に関わっている。論争は未決着だったが、第二次世界大戦を挟んで、この論争を放置しても、すなわち論争点に「合意がなくても実験室では支障がない」ことに気づかされた。ボーアが提示した量子力学は二つの異なった科学論から成るという相補性原理やこの数理理論をどう使うかのコペンハーゲン解釈は深く考えると矛盾に満ちており、一時凌ぎのマニュアルに過ぎないとの見方もあった。しかし百家争鳴の果てに見えてきたのは、ボーアは正鵠を得ていたことである。プランクの作用量子は自然の構造だとしても、合意の欠けている確率解釈の部分は認識の手法として人間が編み出した情報理論だという二重構造である。物理学は何を目指すのかに関わって「合意がない」のである。本書はそこに焦点を合わせたいくつかの省察のアンソロジーである。量子力学一〇〇年は一九世紀に姿を現したサイエンスという社会的営みに新たな意味を充填していくものと考える。

第1章

新「量子」の意味を問う

――「けいはんな哲学カフェ　ゲーテの会」と大澤真幸

物理学の鬼門にノーベル賞

二〇二二年一〇月初旬、週があけて『現代思想』誌への新しいテーマでの連載再開の最初の原稿を送ろうとしたが、ふと明日はノーベル物理学賞の発表の日だと気づき、もしかしたらと思って待ったら、「量子もつれ」実験が受賞テーマに選ばれた。これから一年、物理学が隠蔽してきたこの量子力学のテーマを書こうと思っていたので、このニュースは老躯にエネルギーを注入するいい刺激になった。

「けいはんな学研都市」

二〇二一年夏の新型コロナ流行の第五波が下火になったのを受けて政府の方針も変わったためか、あちこちで対面の催しの企画が再開した。そこに感染者数では最大ピークの第六波、第七波がやってきて、どうなることかと思っていたが、出席を依頼されていたある催しが対面とリモートのハイブリットで二〇二二年六月と七月に計二回行われることになり、奈良市に隣接する京都府南端の木津川市にある国際高等研究所（高等研）に足を運んだ。この研究所は、関東のつくば学研都市に倣ってその関西版として整備されている関西文化学術研究都市（愛称は「けいはんな学研都市」）の一画にあり、近くには国立国会図書館関西館の大きな建物がある。この学研都市は京阪奈（けいはんな）の二府一県にまたがる地域に位置し、一九八〇年代の中頃に発足してもう四〇年近くなる。私は、京大定年後の二〇〇一から一二年に、ここにある関西光科学研究所に付随した「きっづ光科学館ふぉとん」の初代の名誉館長として定期的にこの地域を訪れていた。

「けいはんな哲学カフェ　ゲーテの会」

「けいはんな」の古顔である高等研には、それまでも時間論、確率論、宇宙文化、天地人などさまざまなテーマでの研究会やイベントに誘われるままに参加したことがあったが、どこか焦点が定まらない感じに見えていた。しかしここ一〇年ほどはテーマを定めて「ゲーテの会」と「エジソンの会」と名づけたシリーズの取り組みを始めたようだ。その一つが満月の夜に開かれる「けいはんな哲学カフェ　ゲーテの会」である。高等研の庭にはゲーテの胸像がたっており、これは「従来の近代科学技術文明を乗り越え、新たな地球文明を創造するために、西欧が生み出した文明の成果と自らに固有の東洋的文化を総合する」という学研都市の建設理念のシンボルなのだという。「ゲーテの会」には数回参加したが、コロナ禍前は軽食やピアノ演奏つきの優雅な雰囲気の会であった。

過去一〇年ほどの間は「近代化の光と影を追い、未来を照射する」というテーマで九〇回あまりこの「ゲーテの会」は開かれ、近代日本をつくった人物論として湯川秀樹論について二回話をしたことがあった。また二〇一六年からはテーマに連動して「ＩＩＡＳ塾ジュニアセミナー」という高校生を対象とした泊まり込みのセミナーを行っている。こうした取り組みの一部は出版もされている。[*1]

「ゲーテの会」の新モチーフ「量子論」

二〇二二年、「ゲーテの会」の企画のテーマは一〇年余り続いた「近代化の光と影を追い、未来を照射する」から新たに「新たな文明の萌芽、探究を」と変わり、二〇二二年度上期のモチーフは「量子論」、下期は「資本論」だという。そして「量子論」でまず四月二〇日に「私の見た朝永振一郎」と題した小沼通二の講演が「ゲーテの会」であり、それに続いて六月四日に「けいはんな meta 鼎談　哲学×科学×技術」と七月二三日に「市民懇談 round table」が開かれ、それらに参加した。この一連の催しの参加者には二〇名ほどのコアメンバーがおり、対面参加の彼らの集いをリモートでも放映した。また学研都市の付き合いで国会図書館関西館ではこの間、量子論の書籍の展示を行なったという。「ゲーテの会」のこの新企画が、最先端の技術がせめぎ合うこの街での文化的歴史的な雰囲気づくりに役立つことを願っている。関西以外の人には馴染みがないと思って「けいはんな学研都市」と「高等研」の説明を長々とした。が、私自身が、コロナ禍のトンネルから這い出して久しぶりに学研都市に行ってみると、長い付き合いのはずなのに、妙に新鮮に見えたこともあり、書き出したら長くなってしまった。

「量子」が新ビッグ・キーワードへ？

さて、やっと本題に入る。まず、岸田文雄首相が言い出した「新しい資本主義」などと並んで、二一世紀中盤へのビッグ・キーワードとして「量子」が浮上している時代背景に触れておく。最近、「量子」という言葉は量子コンピュータ、ＡＩ・量子、量子暗号、量子情報、量子技術、量子科学などのように、社会や産業のイノベーション政策に盛んに登場するようになった。これは先進国に共通した状況である。岸田首相の国会の施政方針演説に登場しだしてからはまだ一年ぐらいだが、文科省や経産省の審議会等で「量子」が頻出するようになってもう一〇年ぐらいになる。特に急加速の要因になったのは、コンピュータとしての能力はまだまだだったが、二〇一九年秋に量子力学の原理で作動する量子コンピュータの雛形が登場したからであった。

実はこの二年前（二〇一七年六月）に量子コンピュータが日本の茶の間の国民的話題に登場したことがあった。昭和世代の感覚では夜七時のＮＨＫニュースに取り上げられれば国民的話題だと言っても過言ではないと思うのであるが、量子コンピュータがこの時初めてＮＨＫニュースに登場した。ＮＨＫ的には日本人の仕事が国際的に話題になっていると「ニュース」になるようで、この時もシアトル近郊のD-Wave社が二〇一一年に売り出した装置が世界的に話題になり、その基礎理論に貢献した西森秀稔らが東京で開いた国際会議を報ずるニュースであった。この装置は特殊な最適化問題に特化した計算を行うものであり、最近は量子アニーリング装置と呼ばれて「万能型」量子コンピュータとは区別されている。

そうした中、二〇一九年一〇月にはGoogleが投資するＵＣサンタバーバラ等の開発グループが造った量子コンピュータ装置Sycamoreが量子超越性（quantum supremacy）を初めて達成したというニュースが世界を駆け巡った。[*2] これは「ライト兄弟が初めて飛行した」のに相当するもので、「万能型」量子コンピュータへの第一歩と評された。従来型のスパコン（通常のデスクトップ一〇万台分の能力）が解くのに一万年かかるある特殊な問題を三分二〇秒で解いたという。もっともライバルのＩＢＭの研究者からは解法を工夫すれば同じ問題を従来型コンピュータでも二・五日で解いたといって達成度を低めに見せるケチもつくが、量子超越性が達成されたというのが大方の見方であった。量子的に振る舞う素子の数（キュービット数）は、この開発競争が始まった二〇年前には一〇個にも及ばなかったがSycamoreでは五三個に達しており、目標の一〇〇個も視野に入ったという感じなのであろう。これをきっかけに、世界中のグループ等が追撃を始め、このブームは理工系の研究開発の世界を飛び出して、投資家が蠢く政財界の世界に転化したという様相になった。*3

新量子と旧量子の区別とは

「量子力学が活躍するコンピュータが出来つつある」と聞いて、少し理工系の現場で働いてきた六〇、七〇歳の世代の人は引っかかるものがあるだろう。「現在のコンピュータは既に量子力学の産物である」と。確かに一九六〇年代、トランジスターやプラスチックなど目新しいものが現れ、次々と産業のあり方や街の様子が変貌していった。これらは全て一九二五年ごろに確立した物理学の基礎理論である量子力学に発するミクロの世界を改造する技術に由来すると言って過言ではない。量子力学によるこの産業技術構造の転換に合わせて、一九六〇年代に、日本の高等教育でも物理学と化学の理工系倍増ブームがあり、その政策が功を奏して、一九八〇年代、半導体産業を中心に日本は世界を制覇し、Japan as No.1といわれた空前の好況をもたらしたのであった。

真空管と違って、同じ回路やエレクトロニクスといっても、トランジスターでは半導体という固体の中での電子の動きを操作するものであり、それはまさに量子力学が必要な現象だった。江崎玲於奈は一九五〇年代の研究である半導体内での量子トンネル効果の発見でノーベル物理学賞を一九七三年に受賞した。またその後の半導体加工技術の躍進はトランジスターだけでなく、光の制御技術をも革新してレーザー、LED、液晶などの普及を助け、まさに電子と光子の量子力学は大活躍した。そしてまもなく、コンピュータ、医療検査機器、通信機器、インターネット、……スマホというように、旧量子がなければあり得ない技術で社会はすっかり塗り替えられた。

また素粒子や宇宙の物理、超弦理論や量子時空、トポロジカル物質などの基礎物理の最先端を担う研究者も「量子力学はもう一〇〇年前に確立したツールであって、それ以後の研究のフロントはそれを使いこなして新しい領域に拡大することであって、量子力学自体に見落としていた問題があるなどという輩は単に物理学の精神を弁えない素人である」と断じて、「何を今ごろ「量子」なのか？」と苛立つかも知れない。そして「量子コンピュータや量子情報などというのは、二〇世紀の物質の量子力学に出遅れて、新しい応用分野がまた一つ登場しただけの技術界の話であり、物理学の基礎には関係ない」と興味を示さないのである。

情報技術への既視感

　このように、量子力学の専門家である理工系の大方の人は「なぜ今ごろ「新たな文明の萌芽」のモチーフとして「量子」が登場するのか理解できない」という感じだろう。「二〇世紀後半こそ量子の時代であったのだ」と。確かにこの旧量子は強力で興奮ものだったが、もう使い込まれて手垢のついたコモディティじゃないか、と。もし近年の新量子フィーバーが、ある技術革新が新たな産業政策の一つに昇格したという話題に過ぎないなら、社会的にはこれ以上情報技術が進んでどうなる?という課題に転化するだろう。いまやSNS炎上のように便利すぎる情報機器に振り回される社会が出現し、AIが進化して出生前診断が可能になっても人々に新たな苦悩を生む未来が見えてくると、色褪せた「夢の原子力」や「夢のプラスチック」に似た既視感さえ漂う昨今である。と同時に社会生活でも研究現場でも旧量子のコモディティ化によって、もう「トンネル効果」に興奮する科学少年はいないように、新技術のコモディティ化は、思考の枠組みの馴致化を伴い、精神世界を確実に改造することに気付かされる。

「ゲーテの会」の「量子」イベントのキャスティング

こうした技術面から見た「量子」のブレイン・ストーミングをした後に、冒頭で述べたイベント企画に触れていこう。「量子論　鼎談　哲学×科学×技術」は、リアル参加者の前で、透明アクリ板で仕切られた中での鼎談の様子をリモート配信するハイブリット型（リアル約二〇人、リモート約七〇人）であった。鼎談の顔ぶれは大澤真幸、藤井啓祐それに佐藤である。読者には「えっ、あの大澤？」という方もあろうが、そう、社会学者のあの大澤である。彼には『量子の社会哲学——革命は過去を救うと猫がいう』[*4]という著作があり、また高等研の企画に携わっているドイツ文学者の高橋義人の発意で声がかかったのだと推測する。かつて二人は京都大学総合人間学部で同僚だった時期がある。藤井は量子情報の研究界で活躍の大阪大学基礎工学部教授である。その筋の情報では、先述の量子超越性達成Sycamoreの論文の三人のレフェリーの内の一人であったということである。佐藤は現役の時はビッグバンやブラックホールの研究者だったのに、何に迷ったのか、『現代思想』の連載（一九九五—九六年）で量子力学を論じ、『量子力学のイデオロギー』を上梓したのを皮切りに量子力学ものを書いている。[*5][*6][*7]

そういうわけで鼎談の企画者は「哲学×科学×技術＝大澤×佐藤×藤井」というキャスティングを考えたものと思う。ただ実際には大澤は理工系の専門家と素人をつなぐ媒介者になるとして司会的な役にまわったので文字通りの「鼎談」ではなかった。

それから一ヶ月半ほど置いて、今度は市民懇談というスタイルで、磯部洋明（天文学）のコーディネートによる対話集会（リアル二〇人、リモート四一人）があった。あらかじめ二つのテーマを決めて準備した各々二人の発題者のトークから参加者同士の自由討論へというスタイルで、藤井と佐藤はメンターという形で参加した。時間の関係で個々のトピックスで議論が深まったという訳ではないが、これまで自分では気付かなかった多彩な目で量子論を見ている人もいることを知ったのは貴重な体験であった。

量子力学への大澤のスタンス

一〇年以上前の著作だが『量子の社会哲学』*4の「まえがき」を参考に「量子」への大澤のスタンスを紹介しておく。量子力学は政治的なイデオロギーや倫理的な価値とは全く独立した物理学の基礎理論であると思われている。「しかし、私（大澤）は、本書で、量子力学が、現代社会を理解し、未来社会を構想するための基本的指針を与えるような、政治的・倫理的な含意を宿していることを示してみよう」との構想のもとで、具体的な手法（技巧）としては「量子力学を、（量子力学を生み出した母胎でもある）同時代の社会科学、哲学、芸術、政治革命的運動等と自由に関連づけること、量子力学の謎を、それら同時代の知や実践の諸分野にも潜在していた同じ謎を可視化させる媒体として活用すること」である。こうした量子力学との対応づけには、量子力学に匹敵する探究の深化が必要であり、「量子力学を経由することは、量子力学そのものにとって以上に、二十世紀初頭（以来）の知や実践の全般的な意味を十全に把握するために意義がある」と。

私自身も量子力学誕生時の欧州文化世界の思潮が、科学者にも影響を与えた微候を論じており、主にエルンスト・マッハやウィリアム・ジェームズを取り上げたことがあるが、大澤の場合は同時代の文化・文系学問と量子力学誕生に共通した背景の考察に利用するというニュアンスにも読める。

新量子の射程覚書

技術界のイノベーション動向で急に国会や茶の間にも出没しだした「量子」だが、私は技術だけの話ではない広い射程を持つと考えている。大澤のスタンスにも通じる一種の学問論を提起していると思い、二〇年程前に学者人生で身軽になったのを機に、旧量子で隠蔽してきた課題を考え始めた。新量子技術に関与してきたわけではないが、隠蔽してきたポイントの主題化が新量子技術をもたらしたという意味では関係している。

いまは、物理学や自然科学に閉じない、錯綜した「広い射程」を整理するより放散する方がよいと考えるので、心に浮かぶポイントを、信憑性の吟味なしに列記しておいて、これからの本書の議論の為の忘備録としよう。

（a）新量子技術がもたらす実用普及の姿はまだ見えないが、それは極低温などの特殊な環境で稼働する維持コストの高い装置であり、スマホのような携帯機器をリプレースするものではなく、また新「量子」単体で威力を発揮できない。そのため、新量子技術は現在のＡＩや旧量子装置にサポートされた一般人には〝見えない〟技術に止まる可能性が大きい。ただ超高速、超省エネは従来の技術にくらべて桁違いである。それゆえ、これまで天文学的時間を要し不可能とされていた組合せ最適化問題なども瞬時に解く能力を活かして、研究という営み、通信暗号法、製薬や材料開発、医療診断、犯罪捜査、投資、囲碁将棋、……などの現場を一新する可能性がある。

（b）新量子ブームで旧量子時代の「不思議議セット」が旧式のまま、またぞろ知的遊技場に持ち出されている。科学するこころにとって「不思議」は大事な動機であるが、量子力学の「不思議」には「謎解き」的なスッキリした解答がないから要注意である。悪くすると非科学的な発想を科学の言葉で語っている事態が生ずる。量子力学が「スッキリしない」のは、自然科学が現実を鏡像のように映した真理であるとする素朴実在論を前提とするからである。量子力学の「不思議」は研究界でも解消されていない科学論に由来する「不思議」であり、素朴実在論的に考えてしまうと、全く「スッキリしない」類のものなのである。

（c）実は一〇〇年近く前の量子力学の誕生時に「ボーア・アインシュタイン論争[*8]」として、この量子力学に対して「学問の真理とは」という課題が俎上に上がりかけたことがあった。しかし、現実の研究界はこの課題を棚上げにして、ミクロの新物質界の探索に全展開して繁栄することになる。量子力学の新知識は新たな探索道具を生み出し、生命のメカニズムから宇宙の起源まで、超弦理論からトポロジー物質理論まで、二〇世紀後半の科学は、知識でも技術でも、その多彩な生産性を誇った。「黙って計算しろ！」の精神が有効だったのだ。「学問の真理とは」といった非生産的迷路に入り込む輩を学界から排除することで繁栄したといえる。この理工系の教育・研究の制度的特性を見つめる必要がある。

（d）学問とは真理の探究であるが、「真なる」の前提となる存在について、量子力学の数理論は鏡像的実在論に矛盾している。だが旧量子の研究現場では個別課題ごとに「粒子と波動の二重性」などのような一種の仕事のコツによってこの矛盾を糊塗しても支障なかった。個々の課題ではヴィヴィッドなイメージを描くことが情念を掻き立て、たとえ論理上おかしくても、発見を導くことがある。こういう事情も絡んでか「真なる」の意味など放置しても、旧量子研究は大発展した。物理学、特に旧量子時代に規模拡大した〝Intellectual Master of Theory[*9]〟と称賛された理論物理学に潜むある種の陥穽を抉ってみる必要がある。

（e）二〇世紀後半、東西冷戦下での基礎科学の規模拡大の中で、研究現場はエリート養成の家父長的制度から野放図で自由な職場に変わった。そうした変化のなかで、旧量子から外れた「迷路」に興味を持つジョン・ベルのような人士の蠢きが一九六〇年代から始まり、量子エンタングル（量子もつれ）概念が主題化され、一九九〇年代にはやがてノーベル物理学賞（二〇二二年度と二〇二三年度）を取るような実験も現れてメジャーな分野に成長した。そしてこの量子状態をマニピュレートする技術の延長上に現在の新量子のブームがある。かつては「不思議」であった電磁気も、使いこなすと科学的知識などなくても、コモディティ化する。人類はリアルな「不思議」を特に正体を見究めることなく「不思議」のまま使ってきたのである。

（f）新量子もコモディティ化した研究界の遠い未来を想像してみよう。現在の見方は「量子力学の応用範囲が量子物質や量子生物から量子情報にも拡大した」である。すなわち、老舗の物理学本舗から暖簾分けしてもらって量子情報が始まった、と。ところが新量子がコモディティ化した遠い未来では、量子情報が物理学本舗の椅子に座り、素粒子理論や超弦理論は量子情報本舗の末端の一支店に転落する下克上が起こっているかもしれない。

またこの「下剋上」は物理学に止まらず自然科学者の職業プライドにも影響するだろう。西洋近代化の中で世俗化が進み、学問世界での宗教勢力が減退する中、神との媒介者として尊敬された聖職者に代わって、自然との媒介者として科学者が知的世界の主人公になった。塵埃の人間世界を超越した自然という聖なる世界との媒介者という聖なる職業であるという見立ては科学者のプライドに関わることであったからである。

ところが新量子が示唆するのは、扱う存在は自然そのものでなく、あくまでも人間が仕掛けた装置にかかった情報データに過ぎないという見方である。これは古典物理にも還流する。ニュートン力学は弾丸という自然の理論ではなく、弾丸に関する人間の関心に由来する情報を扱う理論となる。それはあたかもニュートン力学を世論調査のデータサイエンスのイメージに近づけ、科学者を「聖なる職業」から引き下ろすものである。これは、かつての「新語「サイエンティスト」への抵抗[*10]」の再現となるかもしれない。

註

＊1　佐伯啓思編著『高校生のための人物に学ぶ「日本の思想史」』、猪木武徳編著『高校生のための人物に学ぶ「日本の政治経済史」』、池内了編著『高校生のための人物に学ぶ「日本の科学史」』、いずれもミネルヴァ書房、二〇二〇年。

＊2　量子超越性 quantum supremacy とは CalTech の J. Preskill が提起した概念であるが、彼はあのホーキングのもとから巣立った研究者で量子重力などから量子情報に転向して活躍している。英語の世界では supremacy という単語は人種差別を思いださせる言葉だという批判があるようだ。

＊3　佐藤文隆「アインシュタインと量子」『日本経済新聞』二〇二〇年二月一六日文化欄、日本経済新聞社：「量子コンピュータの誕生――情報を処理する「モノ」の理の拡大」『現代化学』東京化学同人、二〇二〇年六月号。

＊4　大澤真幸『量子の社会哲学――革命は過去を救うと猫がいう』講談社、二〇一〇年。

＊5　佐藤文隆『量子力学のイデオロギー』青土社、一九九七年：『孤独になったアインシュタイン』岩波書店、二〇〇四年：『アインシュタインの反乱と量子コンピュータ』京都大学学術出版会、二〇〇九年：『量子力学

は世界を記述できるか』青土社、二〇二一年：『佐藤文隆先生の量子論――干渉実験・量子もつれ・解釈問題』講談社ブルーバックス、二〇一七年：『量子力学が描く希望の世界』青土社、二〇一八年。

＊6　佐藤文隆『量子力学ノート――数理と量子技術』サイエンス社、二〇一三年。アイシャム『量子論――その数学および構造の基礎』佐藤文隆・森川雅博訳、吉岡書店、二〇〇三年と訳書も含め教科書にも携わっている。

＊7　佐藤文隆・井元信之・尾関章『量子の新時代――SF小説がリアルになる』朝日新書、二〇〇九年。この本の共著者井元は二〇一八年に大阪大学基礎工学部を定年退職しており、このイベントで同席した藤井啓祐もこの所属である。

＊8　山本義隆『ボーアとアインシュタインに量子を読む――量子物理学の原理をめぐって』みすず書房、二〇二二年、はプランク以来の量子力学創造者たちの思考を丁寧に読み解いている。

＊9　C. Jungnickel and R. McCormmach, Intellectual Mastery of Nature —Theoretical Physics from Ohm to Einstein, The University Chicago Press, 1986.

＊10　佐藤文隆「新語「サイエンティスト」への抵抗――自然哲学と自然愛」『転換期の科学――「パッケージ」から「バラ売り」へ』第4章、青土社、二〇二二年。

第２章

クラウザーはなぜ排除されたのか？

――隠れた変数と量子もつれ

「クラウザー問題」——動機は一攫千金

「ベルにとっては、このクラウザーという〝クレイジーなアメリカ人学生〟が自分の論文に真剣に応えた最初の人間であった。そこで、次のような返事を書いた。「量子力学の全般的な成功に鑑みれば、このような実験の結果はほとんど自明（隠れた変数は存在しない）のように思われます。それでも、重要な概念を直接確かめるこうした実験を行い、結果を記録するほうがよいと私は思います。それに、（隠れた変数が見つかる）思いもよらない結果が得られないとも限りません。それが世界を揺るがすかもしれないのです！」

局所的な隠れた変数を十分に予想していたクラウザーにしてみれば、これほど胸躍る手紙はなかった。「マッカーシー時代は遠い過去となり、代わってベトナム戦争が僕の時代の政治思想の中心だった。この革命思想に時代に生きる若者として、僕は自然と〝世界を揺るがし〟たいと思った」とクラウザーは振り返る。量子力学という体制を覆してしまえばよいのだ[*1]」。

一九六四年論文のその後の進展を問い合わせるクラウザーからの手紙を一九六九年に受けとっ

たベルは、慎重に「隠れた変数があるという主張ではない」と答えたのだったが、一九六〇年代末の変革の時代の雰囲気にのまれていた若いクラウザーは「世界を揺るがすかも」という言葉に突き動かされ、周囲の忠告も押し返して、実験の実行に踏み切ったのである。

一九六九年当時、「UCバークレー校のキャンパスではベトナム戦争反対のデモが連日行われ、州兵が催涙ガスを浴びせていた。ヒッピーは花を手に集い、活動家は投石した。学生会館の階段に立ち、品のないスピーチで声高に権利を主張する者もいた。物理学部の新校舎はバージ棟とよばれ、フリードマンとクラウザーの窓のない実験室は地下二階にあり、地上の喧騒とは無縁だった」[*1]。

この実験の結果を一九七二年に発表したクラウザーが二〇二二年度のノーベル物理学賞に輝いたのである。しかし「実験の成功」から「ノーベル賞」までの五〇年は不本意な人生だった。彼が覆そうとした「量子力学という体制」からの逆風を受けて大学教員への途から排除されたのである。この「クラウザー問題」ともいうべき奇妙な歴史をノーベル賞受賞を機に詳しく見てみよう。

量子力学の鬼門にノーベル賞[*2]

二〇二二年のノーベル物理学賞は「もつれた光子を使った実験により、ベルの不等式の破れを確立し、さらに量子情報科学を先導した」業績に対して、パリ大学のアラン・アスペ教授（一九四七―　）、Clauser & Assoc. のジョン・クラウザー博士（一九四二―　）、ウィーン大学のアントン・ツァイリンガー教授（一九四五―　）の三氏に授与された。量子もつれ（quantum entanglement）を実験で確認し、さらにこれを制御する実験に成功し、それらが次世代技術と期待される量子情報の世界を拓いたという。二〇一二年度のノーベル賞もこの効果を用いた制御実験であったから、効果そのものの解明に対する業績はパスされたのかと思っていたので、意外な発表であった。この三人は二〇一〇年にウルフ賞を受賞しており、ノーベル賞も追随したといえる。

　同じぐらいの年齢なので、互いに競った間柄の印象を受けるがそうではなく、クラウザーが殉教者的な先覚者で、クラウザーの一〇年後にアスペが、そのまた一〇年後にツァイリンガーが、といった展開である。最近二〇年では既にメジャーな課題だが、半世紀前の初期には「就職できないアブナイ」実験のテーマであったのである。「誰の注意も引かず無視」ではなく積極的に排除された。一九七四年頃「クラウザーは職探しに奔走していた。「10校以上は応募したけれど、どこにもまったく相手にされなかった」。大学側は、次世代の学生に量子論の根幹を疑うことを奨励するような教授の採用におよび腰だったのである」[*1]。そして、ポスドクの五年間で見せた、天才的な実験の才能と教育的熱意にもかかわらず、結局、その後も大学教員に採用されることはなかった。この異常さは「クラウザー問題」として特記すべきであろう。

ノーベル財団ホームページに見る「クラウザー問題」

このクラウザーの奇妙な来歴はノーベル財団のホームページからも読み取れる。例えば受賞者の肩書きが、他の二人は「教授」だが、彼は「博士」、また所属が「大学」ではなくClauser & Assoc. とある。企業の研究者の場合もあるから「大学」でないのは異例ではないが、Clauser & Assoc. をネットで見るに「一九九七年創設の Medical Research, Commercial、雇用二名」とあり、どうも自分の家の事務所らしい。

二〇〇〇年頃にカルフォニア州ウォールナット・クリークにあるこの場所に彼を訪れたある伝記作家は、そのうら寂しい情景を次のように描いている。「彼のだだっ広いガレージ兼機械組立工場の外に物置小屋があり、電子機器、さまざまな太さのケーブル、回路基板、真空管、コネクタ、磁石、歯車、角度定規、廃棄された機械の残骸など、がらくたの詰まった段ボールであふれていた[*1]」。またノーベル財団のホームページにある受賞者の似顔絵下のひと口人物評には「クラウザーは若い時に量子力学を突き出したが、当時の教授達は皆彼をクレージーだと考えた」とあり、受賞直後のインタビューで彼自身も「当時、自分では重要だと思ったが、君はクレージーで、キャリアをダメにするよと言われ、結局、教授にはなれなかった[*1]」と語っている。

「クラウザー問題」の二つの原因

次世代技術のキーワードとして、近年、急速に浮上してきた新量子の背後に存在する科学論を考察してみたい。そう考えていた矢先に、第一章で述べたように、二〇二二年度のノーベル物理学賞の発表があった。そして今や赫赫たるノーベル賞受賞者であるこの人物の奇妙な人生に改めて気付かされた。これほどのアップ・ダウン物語は珍しく、「クラウザー問題」という科学論の課題が提起されているように思う。こうなった第一の原因は彼が実験で手がけた課題が「量子力学論議」という主流の物理学研究からは敬遠される「裏街道の課題」であったことは拙著『量子力学が描く希望の世界』でふれた。[*3] 量子もつれの発見といえるこれらの実験はもともと一九三五年にEPR（アインシュタイン・ポドルスキー・ローゼン）が提起し、一九六四年にこれに関連してベルの不等式が提案され、クラウザーらの実験となったのである。[*3]

量子力学という数理理論の誕生期に起こった様々な解釈論争は一九二七年頃一応決着したとして、次はこの数理理論とコペンハーゲン解釈を携えてミクロの新物質界の解明に展開していく、というのが物理学者の主流の見方だった。誕生時の解釈論争では創業者同士の意見が食い違った。なかでもアインシュタインはまとめ役のボーアに執拗に食いさがったが、大戦の勃発による中断と豊穣な「新物質界」へ「主流」の関心は移行し、スッキリした決着がないまま「論議」は「主流」の裏街道に押しやられた。

しかしクラウザーが味わった当時の米大学による異常な「排除」の背景には戦後の冷戦期に急拡大した米物理学界特有の「黙って計算しろ(shut up and calculate)」という気風があった。[*3] コロンビア大学大学院時代、必須科目である量子力学講義の試験を二年とも落第した挿話を彼は語っている。この「クラウザー問題」の第二の原因ともいえる研究者集団の気風の課題は当時の米国と欧州や日本との比較で浮かび上がるかもしれない。例えば、ベトナム反戦、大学紛争後の一九七〇年代、クラウザーも接触のあったバークレー周辺の若い物理学者のグループが量子力学の基礎に関心を持ったが、その流れはオリエンタリズムやフォーリズムを志向し、『タオ自然学』や『踊る物理学者たち』といった所謂「ニュー・サイエンス」ブームに繋がっていった。[*4]

研究者への「特上」のコース

「クラウザー問題」の原因は決して個人的資質の問題でないことを見るため、彼の経歴を概観しておく。クラウザーは一九四二年生まれ、父はカリフォルニア工科大物理学科卒でジョンズ・ホプキンズ大学の航空工学の教授だった。彼は父と同じ大学を卒業し、コロンビア大(NY)でPhD取得後、一九六九年UCバークレーのポスドクに採用される。PhDの研究課題は星間分子の励起状態から宇宙背景放射(CMB)の温度を推定したもので、学位指導者P. Thaddeusとの共著論文は大きく注目された。[*5]

当時、コロンビア大物理は全米一、二位を争う名門校であった。一九四四年にノーベル賞を受賞している原子物理学実験のラビ（一八九八―一九八八）が重鎮でおり、彼の招聘で湯川秀樹も一九四九―五三年の間コロンビア大教授であった。当時、原子物理学、マイクロ波などの実験研究では多数の先輩同窓生が全米の大学で活躍していた。タウンズ[*6]もコロンビア大出身だがMITの副学長も務めるなど全米物理学界の超大者であった。勃興期のマイクロ波による宇宙観測の新プロジェクトを立ち上げて一九六七年にバークレーへ赴任し、クラウザーをポスドクに採用したのである。このように、クラウザーは大学教員への道としては「特上」のコースを歩んでいた。

量子の魅力で「暗転」

暗転したのは、冒頭の引用文に見るように、PhD研究終了時に一九六四年のベルの論文を偶然目にしてその魅力に取り憑かれたことにある。このことで同じくベル論文に興味を持っていた理論物理・科学哲学を専門とするボストン大学のシモニー（一九二八―二〇一五）と協力関係になり、ベルの問題提起を実験で検証出来るＣＨＳＨ不等式（一九六九年）に発展させた。シモニーは理論物理と科学哲学の二つの学位を持ち量子力学論争史を追っている数少ない研究者であり、彼との出会いでクラウザーの視野は一気に広がった。さらに彼を実験に促した要因の一つには、当時、ＵＣバークレーの物理学科にコッハーとカミンズによる過去の実験装置が残っており、自分の実験に流用できると考えたこともあった。ただ雇用時の研究課題と違うことや、「旧装置」を持つ研究室の教授であるカミンズが反対したことで悶着があったが、最終的にタウンズが容認したので、カミンズの大学院生のフリードマンが参加して実験が始動した。

実際には「旧装置」の単純な流用とはいかず大幅な補修が必要で、独自の資金もないので、大学中の実験室を回って部品を貰い受けて装置を補修して実施にこぎつけたという。その後、比較的順調に結果をだし、一九七二年には最初の論文を超メジャーな雑誌である Physical Review Letters 誌に発表した。シモニーとの関連でハーバード大学でも実験を始めた大学院生がいたが、こちらはなかなか結果がだせなかった。バークレーの二人がいかに実験の名手であったかを物語る。最初の論文の後のポスドク時代にも結果を補強する実験を行なっている。とにかくどう見てもこれらの事実が彼の独立した実験指導者としての能力を実証している。しかし、まさにその故にポスドク後の教員へのキャリアから排除されたのである。

私はクラウザーのポスドク時代に重なる一九七三―七四年にＵＣバークレーに滞在していた。彼らの実験室はバージ棟地下二階だというが、私のオフィスはこの棟の五階にあった。彼との接点はなかったが、彼の実験開始に関わっているタウンズとカミンズとは接点があった。[*6] カミンズは後年次のように語っている。「クラウザーは頭のいい青年だったが、頑固だった。因習に囚われず、負けん気が強くて何でも自分のやり方にこだわったから、気の毒なフリードマンに苦労をかけたはずだ。それにクラウザーは体がばかデカく、フリードマンは小柄なほうだったから、いくらか威圧感を感じただろう」[*1]。

クラウザーの不本意な経歴

いくら一九七二年当時には無視されても一〇年後には彼の実験を発展させたフランスのアスペの一連の実験があり、一九八〇年代中期以後には世界的にも量子力学の論争史などの一般書の中でもクラウザーの名が登場するようになった。それなのに、いっこうに大学のキャリアに繋がらなかった。ただ新「量子」が学界でメジャーなテーマになった頃から、この奇妙な「排除」の歴史にも興味が高まった二〇〇二年には科学史の専門家が彼に長いインタビューを行っており、そのスクリプトは米物理学会系の組織ＡＩＰのＨＰに公開されている[*7]。それらをもとに、私の想像も加えて、彼のポスドク後の経歴を記しておく。

ポスドクが切れる一九七五年夏まで大学の職は決まらず、リバモア研究所[*8]で専門外のプラズマ部門に入所した。実験手法では貢献したようだが機密研究も多く、テーマにも満足できず、一〇年ほどで辞めている。研究者として一番脂ののっているこの時期を無駄に過ごしたようだ。

その後一九八五年からの一〇年ほどは、機密研究も含む西海岸のいくつかのハイテクの開発研究機関に関わって、実験研究に携わっている。Ｘ線での医療映像技術や空港荷物検査機器の特許、さらに原子ビーム干渉効果を用いた石油鉱脈探索を謳った加速度計で特許を取ったりしている。この時期にはUCにも出入りして若手を指導して原子ビーム干渉実験の論文を書いている。一九八〇年代末から、今回のノーベル賞につながる評価が学界の中で広がり、彼は先覚者として国際的にも認識され、新量子テーマでの総説発表や会議講演などの機会が増えた。しかし大学からのポストの声は最後までかからず、リバモア退職後一〇年ほどした一九九〇年代半ば、五〇歳代半ばを過ぎて現役の教授に声がかかることはもうないと考えたのだろうか、自宅に前述したような情景の Clauser & Assoc. を立ち上げたのである。学生時代からの趣味であるヨット競技も楽しんでいるようである。

「隠れた変数」とは？――一九八四年版『物理学辞典』に見る

「クラウザー問題」の第一の原因は「量子力学論争問題」が学界主流の裏街道であったからだと述べた。しかしアインシュタインにも不満を残したままに置き去りにされている課題であるから、理論物理学者の中には少数派ながら裏街道に迷い込む者もいた。こういう裏街道で浮遊するテーマの一つが「隠れた変数」であった。「隠れた変数」は、「フロギストン」や「エーテル」のように、今では科学史の話題にしか登場しない教科書からは消え去った用語といえる。しかし一九八〇年代中頃の日本の大きな物理学辞典である『岩波理化学辞典』と『物理学辞典』（培風館）

には「隠れた変数」はまだ現役の用語として大きく扱われている。以下に『物理学辞典』[*9]から引用しておく。

「量子力学は波動関数の確率解釈を基本法則として要請している。しかしこの法則は、古典物理学に統計法則のように、私たちが物質世界の奥に潜む重要な力学変数、すなわち隠れた変数、とその行動法則を知らないために導入せざるをえなかった半現象論的な法則ではないか、という期待があった。しかし、そのような隠れた変数は存在しないというフォン・ノイマンの定理によって、その方向の研究は抑えられていた。しかし、この定理は物理的に見て厳しすぎる数学的条件の下で証明されたのだから、必ずしも絶対的とはいえない。実際、ボーム（Bohm）は隠れた変数の立場から量子力学を古典力学に還元しうることを示した。古典力学との唯一の相違は量子力学的力の出現だが、それは隠れた変数の作用を示す統計的性格の揺動力である。こうして、ボームは決定論に戻る形で量子力学の再構築と再解釈を試みた。しかし、量子力学の能力を維持しようとすれば、量子力学的力は一般に非局所的でなければならず、古典的な力と見れば常識はずれなほどグロテスクになると同時に、理論体系全体を複雑怪奇にしかねないものだった。一方、ベル（J. S. Bell）は局所的な隠れた変数の存在を実験的に検証しうるベルの不等式を提出した。検証のための実験はアインシュタイン・ポドルスキー・ローゼン（EPR）のパラドックスに現れる型のものであり、繰り返し行われてきたが、今までの全ての実験は隠れた変数の存在に否定的である。隠れた変数についての研究は、量子力学の確率過程量子化を発展させる契機となった。

古くから数多くの研究があるが、E. Nelson の研究（ネルソンの確率過程解釈）以後急速に盛んになり、場の量子論まで及んでいる」[9]。『岩波理化学辞典』でも同じ程度の長さで「隠れた変数」項目は登場している。[3]

裏街道の専門用語も入っているので難しいと思うが、簡潔に述べるとこうである。量子力学的に「同一」の状態にある対象をいくつも用意して、それらを観測すると測定値は一定でなくバラバラであり、そして量子力学の波動関数はそれら測定値が観測される確率を与えるだけである。一般に確率の登場は、全ての変数での区分をしない統計的集団を「同一」とみなす不完全な現象論的な取り扱いに由来する。そこで量子力学の確率性も、明示的に扱っていない「隠れた変数」が背後に存在することに起因すると考える立場があったのである。そこでは確定的な世界が存在するのにそれを記述していない量子力学は不完全との見解をとった。量子もつれの発見とはこの立場が否定されたことを意味する。

量子力学史の三段階

量子力学の数理理論が確定してもう一〇〇年近くになる。その錯綜した論争史を追うには時代区分が必要であろう。そこで私は次のような区分を提示している。[3]

A　一九世紀後半からの知的世界の新勢力である科学と人間をめぐる論議
B　第二次世界大戦後の冷戦期イデオロギーの時代
C　一九八〇年後半以後の量子技術の時代

これまでA時代の課題は主にボーア・アインシュタイン論争であったが、私は時代背景としてエルンスト・マッハとウィリアム・ジェームズなども論じたことがあることはすでに述べた。時代区分といってもその発端となった論文の発表時期とそのテーマが関心を引く時期は一致しない。例えばEPR論文とそれに刺激されて登場したシュレーディンガーの猫の論文はともに一九三五年だが、これらの核心である「量子もつれ」が研究界で主流になるのはC時代である。クラウザー実験を誘導したベル不等式もC時代を拓くものであるが、唯物論志向の濃厚だったB時代でのボームなどの実在論に刺激されてベルはその実験的判定法を提案した。またBの時代には反唯物論的で情報論的なエヴェレットの多世界解釈も登場した。「隠れた変数」はB時代では現役の用語だが、相対論で消えたエーテルのように、C時代の現在では科学史上の用語に転落したとみてよいだろう。[*10]

本書で順次述べていくつもりであるが、先走って「クラウザー問題」の原因に触れれば、C時代への嚆矢であったものがB時代の中で「排除」された、という見方である。Aで主題化したボーア・アインシュタイン論争も「彼らにも分からない難問など、どうせ君らにはわからないのだから黙って計算しろ」というのがアメリカ物理のB時代の気風であったし、ハイテクから超弦理論までの成果の達成にはそれで支障はなかったのである。

量子力学史は二〇世紀の物理学史とも関連するが、拙著『物理学の世紀』[*11]での区分けは、第一期…X線から量子力学まで、第二期…原爆からクオークまで、第三期…コンピュータと量子工学、である。第一期は相対論と量子力学の勃興であり、第二期はこの一般理論を携えて力強い科学技術を築き、桁違いの研究資金を使う巨大組織に変貌し、自然の探索を可能にした。第三期にはシリコン・テクノロジーの驚異的進展に支えられて情報の科学が社会の前面に登場し、学問的営為もそれに馴致され、ＡＩが人類を超えるなどと言われだした。

「隠れた変数探し」から「量子もつれの発見」へ転換

前記の『物理学辞典』の「隠れた変数」や今回のノーベル賞のサイテーションにも登場する「ベルの不等式」のジョン・ベル（一九二八―一九九〇）は英国出身でＣＥＲＮにおいて活躍した素粒子の理論物理学者である。この一九六四年の「不等式」は本業でないホビーの論文であると称していた。それがクラウザーやアスペの実験を引き出し、アインシュタインの「不承認」という量子力学につき纏う翳を洗い流して、量子力学再出発の契機を作った意味で大きな貢献であった。六二歳で亡くなる一九九〇年頃には、現在の新量子の流れを始動したとして、ノーベル賞受賞の予想が出るほどに評価が高まっていた。

クラウザーのホームページに、[*12] 彼の一九七〇年代のベル不等式を否定した実験は、「相対性理論にマイケルソンの実験がある」ように、「量子力学にクラウザーの実験がある」、という記述がある。確かにうまい言い方だと思う。片やエーテルを否定し、片や隠れた変数を否定し、スッキリした新時代の相対性理論や新時代の量子力学を登場させたのである。

確かにポスドクのクラウザーを突き動かしたのは量子力学体制を覆す隠れた変数探しだったが、実験の成果というものは、本人の動機はどうであれ、客観的には、量子もつれの新量子の扉を開いたのである。量子もつれという不思議を制御する新技術の時代の幕開けであると同時に、認識論上はアインシュタインにも信じられない科学をどう受け取るのかという「科学論」が我々に突きつけられているのである。

註

＊1　Luisa Gilder, The age of entanglement : when quantum physics was reborn, Alfred A. Knopf, 2008（ルイーザ・ギルダー『宇宙は「もつれ」でできている――「量子論最大の難問」はどう解き明かされたか』山田克哉監訳、窪田恭子訳、講談社ブルーバックス、二〇一六年）。ニュアンスに富む文章の多い本書の翻訳には敬意を表するが、引用では一部文章を修正している。またこの翻訳での題名の改作は不適切とあると考える。量子エンタングルメントが我々につきつけているのは自然という「外界」とその人間による「認識」の関係をめぐる科学論であり、科学上の発見をすべて自然（宇宙）のものとする鏡像的科学論の不可能性を突きつけているのである。この題名の改作はこうした緊張感を隠蔽している。

＊2　佐藤「量子力学の鬼門にノーベル賞」『京都新聞』二〇二二年一〇月三〇日「天眼」。

＊3　佐藤『量子力学が描く希望の世界』第7章「ＥＰＲ実験と隠れた変数説の破綻」、青土社、二〇一八年；『アインシュタインの反乱と量子コンピュータ』第1章「「起こる」と「知る」の差――ＥＰＲパラドックス」、京都大学学術出版会、二〇〇九年。

＊4　David Kaiser "How the Hippies Saved Physics -Science,Counterculture,and the Quantum Revival", WW Norton & Company,2011。

＊5　宇宙通信開発の中でPenziasとWilsonにより偶然見つかったビッグバン残光であるＣＭＢの温度が公表されたのが一九六五年であり、翌年、続けて二つのＣＭＢの温度測定が発表され一気にビッグバン説が有力になった。この「二つ」の一つがクラウザーの学位論文の観測研究である星間分子の励起から温度を推定した。

＊6　C. H. Townes（1915–2015）は戦時研究のレーダー研究を発展させて、メーザー、レーザーを開発して一九六四年にノーベル物理学賞受賞。コロンビア大学、ベル研究所、防衛研究所、ＭＩＴ副学長などで指導性を発揮した米物理学界の超大物である。一九六七年以後は、ＵＣバークレーの教授として、マイクロ波天文学を開拓した。佐藤『量子力学が描く希望の世界』第4章「冷戦イデオロギー構図からの脱却」、青土社、二〇一八年。

＊7　Interview of John F. Clauser by Joan Lisa Bromberg on 20 May 2002 [http:www.aip.org/history/ohilist/25096.html].

＊8　Lawrence Livermore National Laboratory はソ連の核兵器保有を受けて水爆開発を急ぐため、Oppenheimerと不仲な関係にあったE. Tellerが、Lawrenceの支持を取り付けて、ロスアラモスに続く第二の核兵器開発所として、一九五二年に開所された。亡命者Teller単独では不可能であった。現在は国防、治安とその基礎に関わる幅広いハイテクの国立研究所である。バークレーから五〇kmほど内陸部にある。

＊9　『物理学辞典』培風館、一九八四年。

＊10　「隠れた変数」の「隠れた」とは一切の限定なしの意味を持つ。一方、ＥＰＲ、ベルの不等式、ＣＨＳＨ方程式、ＧＨＺ状態などに関係した諸実験によって否定されたのは「局所的隠れた変数」であるとするのが厳密な言い方である。従来、ある物理的存在の変数（性質）はその局所的な存在に宿ると想定されており、それが「局所的隠れた変数」である。

＊11　佐藤『物理学の世紀――アインシュタインの夢は報われるか』集英社新書、一九九九年。

＊12　https://www.johnclauser.com/

第3章

存在の「非局所性」と量子情報

――「恥じらい」の実在論

「しかし実際のところ、最も直接的にこのような問題に関わるような、基礎科学――特に理論物理学――の専門家の中でも、経験の哲学が無条件に受け入れられることはまれである。やはり、これらの専門家の多くは（ありうる誤解を防ぐために、この点に関しては私も彼らの意見に同意する、ということを言っておこう）、心の底では実在論者なのである。彼らは、ポール・ヴァレリーが考えたように、科学は単なる「決して間違うことのない処方せん」とは考えたくないのだ。彼らは、この処方せんが長い間成功していることには原因があるに違いない、と信じている。彼らはこの成功を、構造をもった独立の実在の存在に帰着させ、そしてまたその構造そのものが処方せんの成功を含意するのだ、と考えているのである。実在論者の考えでは、成功する処方せんを見つけることの主な興味は、もちろん、それがわれわれに、独立の実在の構造についての情報を与えてくれる――少なくともわれわれはそう期待している――という点にある」[*1]

「坊主か？　職人か？」

このニュアンスに富む物言いは二〇世紀後半を理論物理学者として生きた自分の琴線に触れるものがある。その心情を重ねていうならば我々の多くは「恥じらいの実在論者」であったということである。ではなぜ「恥じらい」なのか。それは科学という営みが新しい知識獲得の社会制度としてスタートした一九世紀後半を思いおこす必要がある。そこで強調されたのが、従来の知識業界との差別化を図るためもあり、経験主義、実験主義、実証主義などの経験の哲学だという新哲学の言説であった。因果律の動因としての絶対的、超越的な神やモノを前提とした上でそれへの接近を図るという探究の分かり易い構図は古い哲学だとして批判され、人間の感覚や意識を基礎に知識を構築するという探究の新しい構図が提起されたのである。

しかし、発見されるのを待っている存在が不在では肩透かしであり、探究の情熱が湧かない。そこで新たに登場した探究の目的はよりよい生活に向けた「処方せん書き」であった。ところがこれは科学という新学問の営みの「坊主から職人へ」の転移、すなわち世間での職業意識の転移を意味することに気づかされた。ここに知識職業の伝統的な意識との間に軋轢が生まれる。[*2] そこで、サイエンスという新哲学の職業も、自然という超越的実在との媒介者として聖なる職業であるという心情を多くの科学者は持っているのである。職業的に見れば神との媒介者であった聖職者（坊主）の新たな継承者でありたいという「恥じらい」の心情である。世間との絡みではこうした「実在」哲学が心地よいのである。

科学論では研究上の手法や社会的影響が中心的に論じられているが、世間の一員として生活する科学者の職業意識というものも科学の性格を特徴づけている。こうした科学論を私は「坊主か？ 職人か？」[*3]とか『職業としての科学』[*4]などにおいて表明している。思想、価値観、人生観、イデオロギーなど、科学の営みへの動機と情熱に関わる課題である。

量子力学的実在の非局所性と二〇二二年ノーベル物理学賞

実は冒頭に引用した文章は、量子力学の進展で提起された物理学が扱う実在の「分離不可能性」が実験的に明らかになったことを受けて著された実在論をめぐる哲学論議の著作にある一節である（ここでいう「分離不可能性」は、近年、「非局所性」と呼ばれているので、以下では「非局所性」という述語を用いる）。途中の論議を飛ばして、この著書[*1]の結論部分から引用すれば「人間の感覚や実験的方法は、たとえ理論の助けを受けたとしても、何が本当にあるのか、という問題については、確実なことをわれわれに教えうるわけではない」。それにもかかわらず、「すべての操作的な問いに対してわれわれが有用で重要な答えを可能にする」首尾一貫した数理的理論として量子力学はあるのである。「どのように」ではなく「なぜ」という問いは拒否されるべきである。「どのように」が分かれば処方せんは書けるのだ。

こうした量子力学における「非局所性」の発見という「結論」は、科学という一九世紀の新哲学の出発点にあった経験主義、実験主義、実証主義の精神の再確認を強く迫っているといえる。

『現代物理学にとって実在とは何か』

冒頭の引用文の著者デスパーニア（一九二一―二〇一五）はド・ブローイの指導を受けた世代のフランスの素粒子論、科学哲学の研究者であり、長くソルボンヌ大学の重鎮であった。CERN発足時にはその理論部の立ち上げに責任を持つ立場であった。そこに英国出身のジョン・ベル（一九二八―一九九〇）を迎えたのであるが、この出会がベルが量子力学論議に興味を持つきっかけとなった。[*5]ベルはアイルランドの貧しい家庭出身で正式な高等教育も経ずに頭角を現して英原子力機構を経て素粒子論の研究者としてCERNにやってきた。デスパーニアはベルが研究界での地位を築くのを手助けした。

一九六四年のベルの「EPRパラドックスについて」なる論文が「現代物理学にとって実在とは何か」を問う課題であるといち早く指摘した二人の人物のうち一人がデスパーニアであり、もう一人はクラウザーの実験に影響を与えたアブナー・シモニー（一九二八―二〇一五）であった。デスパーニアは一九七〇年に量子力学論議を主題とする初めての国際的集会であるフェルミ・夏の学校を主催しており、それを受けて「論議」の本格的な著作[*6]を著しているが、冒頭の引用はそれに続く第二作からのものである。科学者も多く受賞している、現代の宗教的真理の普及への貢献に授与されるTempleton賞を二〇〇八年に授与されている。

「量子モノ」から「量子情報」へ

二〇世紀の物理学は、感覚を超えたミクロや宇宙的な超マクロの世界に、電子やクォーク、ビッグバンやブラックホールなど、次々と新たな珍しいモノを発見してきた。そしてこれらはコーヒーカップがここにあるようにあるのだと多くの人は思いがちであるが、そうした感覚的に培われてきた実在とは性格を異にする世界の姿を描きだすものである。それらは検出器によって得られたデータを何段階か情報処理をした後に可能となる認知イメージである。それを、勝手に、感覚的認知と一体化して錯覚をしているのである。そしてこの媒介をしているのが既に誕生から一〇〇年近くになる量子力学なのである。

ところがこの数理理論が完成した一九二五年以後、五〇年以上の間気づかれなかったのであるが、量子力学に内在している「非局所性」のモノという概念は感覚的なモノ概念を完全に否定するものであった。この性質は現在「量子もつれ」と呼ばれるものである。いまやこの性質を表現するには量子力学におけるモノが「モノ」として捉えるよりもむしろ「量子情報」と呼ぶに相応しいものであることが明確になっている。二〇二二年のノーベル物理学賞はまさに「非局所性」の「量子もつれ」を実験で確証しその制御に成功した業績を顕彰したものである。

否定されたアインシュタインの「実在」

探究される実在といってもイデア論から唯物論まであり、問題にする領域によって多面的で、科学の対象に囲い込めるようなものではない。「実在」をめぐる議論は、「ああでもない、こうでもない」と、何千年もの間、繰り返される終結のない論争のイメージが強いが、ここでいう量子力学絡みでの実在とは、一九三五年にアインシュタインらの「量子力学による実在の記述は完全たりうるか?」と題した論文に端を発するある具体的な状況での「実在」をめぐる問題である。著者はアインシュタイン、ポドルスキー、ローゼンであり、これまでもたびたび登場してきているが、以下ではこの三人の頭文字をとってEPR論文と呼ぶ。[*7][*8]

繰り返しになるが、冒頭の引用は、この論議に関係した実験によって「非局所性」が明らかになり、アインシュタインの描いた「実在」が否定されたという物理実験の前進を受けて著された科学哲学の著作からのものである。そしてこの新量子の時代をテーマとする本書の文脈で重要なことは、この物理実験の結果のインパクトが科学者の心情や科学の社会的イメージにも大きな影響を及ぼすという、「風が吹けば桶屋が儲かる」式の意外な関連を浮上させることである。

自然の探求は潜んでいる実在を発見するイメージで語られる。物理学でのミクロの世界の場合には感覚的イメージを超越したものだが、探究の情熱を掻き立てるものである。科学では、動機が誤った憶測や予見によるものでも、多くの実証を踏まえることで真理に至る。こういう動機的実在論[*7]とでもいうべき素朴実在論が研究現場の日常の哲学といってよいだろう。

素朴実在論を守る「踏み絵」は次のようなものでる。

1　観測者と観測者が持つ知識とは無関係に実在がある
2　測定（観測）の概念が理論において基本の役割を果たさない
3　理論は、集団だけでなく、個々のシステムを記述できる
4　周辺外部から孤立した存在を想定できる
5　孤立したシステムに作用しても、そこから離れたものに影響はない
6　客観的確率が存在する

ところが、半導体テクノロジーで発展したレーザーやハイテク機器による一九九〇年代以降の

種々の量子力学実験によって、これらの「踏み絵」は次々と踏み破られている。拙著[*7*9]にも解説したように、現在では、「量子もつれ」制御の技術などによって、二重スリット実験、マッハ・ツェンダー実験、EPR実験、量子消しゴム、遅延選択、QEDキャビティー実験（シュレーディンガーの猫問題に相当）などの多くの量子力学「論議」に絡む実験が実施されて、課題の様相が一新されている。「論議」の愛好家も哲学的考察者も、あれこれの理論的言説ではなく、これらの実験結果を土台にすべきである。拙著[*7]の帯には「我々はアインシュタインよりもはるか先にいる！　量子力学完成から九〇年、テクノロジーの進歩は驚くべき量子力学実験を可能にした。アインシュタイン、ボーア、ハイゼンベルグ、シュレーディンガーのような巨匠たちに、思考の深さでは及ばない我々凡人でも、手にした技術のおかげで彼らよりもはるかに高い境地にいるのである」と記されている。

例えば、ポピュラーサイエンスで昭和時代から定番の「二重スリット実験」も様変わりである。同じ実験でもデータの解析次第で縞模様が見えたり、見えなかったりするのである。要するに情報処理の問題なのである。量子力学はミクロの新世界に対処する「処方せん」を与える「対処論」であるように見える。観測者を排除した実在があるとする素朴実在論は不可能である。現象が「起こった、起こらない」にこだわるよりは、データの情報処理で「うまく秩序（パターン）を見出す」技法が探究されているのである。

素朴実在論との決定的別れは「確率」をめぐる転換である。ここに情報エントロピーが主役の量子情報が主題化していくだろう。主観的確率と考えれば「波動関数の収縮」とは単なる観測者が測定値を知ることであり、新しいメカニズムを理論に追加するようなものではないのである。

二〇二二年度のノーベル物理学賞

あらためて二〇二二年ノーベル物理学賞のサイテーションをみると「もつれた光子を使った実験により、ベルの不等式の破れを確立し、さらに量子情報科学を先導した」とある。受賞の三氏の役割として、クラウザー(一九四二―　)は一九七二年「ベルの不等式の破れ」を実験で確認し、一九八〇年代に入ってアスペ(一九四七―　)がこの「敗れ」を確証、一九九〇年代にツァイリンガー(一九四五―　)が「もつれ」効果を利用したテレポテーションなどを実現して量子情報科学を先導した。ここに登場する「もつれ」(一九三五年)、「ベル不等式」(一九六四年)、「量子情報」(一九九〇年代)というキーワードの発端になったのが先述の一九三五年のEPR論文である。そしてこれに刺激されて同年に発表されたのが「シュレーディンガーの猫」論議であり、そこに登場したのが「もつれ」という概念であった。[*10]

「シュレーディンガーの猫」と「もつれ」

「もつれ」とは複数個の粒子の状態を表す数式（状態ベクトル）が、各粒子の状態の積に因数分解できないことを指す。先ほどのサイテーションにある「もつれた光子」とは光子の「偏り」で区別される複数の光子が「もつれ」た状態にあることを意味する。また「猫論議」では「放射性核」、「毒薬」、「猫」が「もつれ」た状態にある。

ＥＰＲ論文や「猫論議」が登場した一九三五年は、量子力学の数理理論が登場した一〇年後、ナチスが政権をとった一九三三年以後のことである。アインシュタインはアメリカに亡命した後であり、ＥＰＲ論文は英文で、他の二人の著者も亡命ユダヤ人である。ナチス政権奪取でベルリン大学教授であったシュレーディンガーは英国に出国し、この年のノーベル賞授賞式にも英国から参加した。この慌ただしい時期にドイツの雑誌から依頼されていた量子力学の解説の中に猫論議が登場する。編集のユダヤ人研究者ベルリナーはのちに強制収容所おくりになる直前に服毒自殺した。「猫論議」はこうした凄惨な時代を背景にしているのである。[*11]

量子力学論議時代区分

以前、すでに提示したが、一〇〇年近くなる量子力学をめぐる論議の進展を私は次の三段階に区分するのがいいと思う。

A　コペンハーゲン解釈の成立……一九二七年
B　第二次世界大戦後の冷戦期……一九五〇―六〇年代
C　量子情報の時代……二〇世紀末以降

本書第一章では旧量子と新量子を区別して、量子コンピュータや量子暗号などの技術も含めて「もつれ」を制御する新量子の時代に突入したことを強調した。これに伴って量子力学の対象が「モノ」から「情報」へ転移することになるが、まさにこの「転移」が冒頭に引用したような科学者の心情を揺るがす事態に結びつくのである。

歴史的には、実はコペンハーゲン解釈（一九二七年）にはこの転移が織り込み済みであった。ところがその後に登場した豊穣なミクロの新世界のモノ達に眩惑された「恥じらい」の実在論者が主導する物理学の黄金期の中でこの「解釈」の真意は見過ごされたのである。その修正が「もつれ」の確認で迫られているのである。それは、一九世紀のマッハの時代の時代を経て、「世紀転換期」から「ワイマール期」の「従来の学問と「新」学問（科学）は何が違うのか？」という問いかけを想起することになるのである。

ツールとしての「量子力学」と多彩な対象の「量子物理学」

ここで量子力学「論議」とはこの数理を具体的対象に適用する際のマニュアル、特に現象と理論の対応に関する際の論理的に一貫したマニュアルに関する論議のことである。量子力学をツールとして展開されてきた原子物理学、固体物理、量子化学、量子生物、原子核物理、素粒子物理、量子光学などの豊穣な内容はまとめて量子物理学とよんで量子力学とは区別する。こういうと「量子力学は物理学ではないのか？」という発問を生むであろう。これは物理学の捉え方で変わるであろうが、挑発的にいうと、二〇世紀の物理学者は「同じだ」といい、二一世紀の物理学者には「違う」となるかも知れない。「違う」とは、二〇世紀後半の物理学を牽引した情報処理技術、シミュレーション技術、最近流行の機械学習、が物理学と「違う」というような意味である。

第二次世界大戦後の冷戦期、さまざまな理由で量子物理学は急拡大をした。Aの時期のように量子力学創業の天才とその周辺の研究者だけの秘技ではなく、Bの時期には、多くの常人が教科書で量子物理学を学ぶ時代が訪れた。そこで学生の多くが他の教科と違う違和感を覚えたが、それこそが新理論の証しだから「黙って計算せよ」の精神で丸呑みしようとした。対象を鏡のように正確に描写するという古典物理学のマインドで勉強すると、次々と疑問が湧いてくる。ところが不思議なことに、何故か疑問は放置しても使うには支障がないのである。むしろ「疑問」に深入りすると「仕事」が進まなくなる。具体的対象の量子物理学への展開に舵を切るためのボーアの思想善導といえる。

それはあたかも収入を得るための仕事が自分の人生観と整合せず納得がいかなくても、割り切って仕事はこなすという中途半端な事態を想起させる。「突き詰めない」処世術を大人への通過儀礼なのだと自分を納得させて、「制度科学」のツール使いの道に入り、「思想としての科学」[*7][*8]は終焉したのであった。[*3]

放置される「裏街道」の堆積物

量子力学の「論議」というのは、拙著[*12]で強調したように、量子物理学の奔流の中では「裏街道」であった。量子力学の標準ツール（数理理論＋コペンハーゲン解釈）を具体的対象に使いこなして量子物理学の本流が力強く展開された。ツールの内容も広がっている時に、ツール自体を見直す論議は流行らない。それでも「裏街道」が消滅しないのは、深慮で迷い込む者がいるからで、その第一号がアインシュタインなのである。ボーアが主導して一九二七年に纏めたコペンハーゲン解釈への不満表明が一九三五年のＥＰＲ論文なのである。

しかし、常人の人生にも迷いはつきものだが、他人の悩みに「寄り添う」ほど業界は暇ではなく、批判的検討に晒され掃除されないので、「裏街道」には「お悩み」の解決策が放置されまま堆積する。列記すると、粒子・波動二重性、確率解釈、確率的遷移、不確定性関係、相補性、波動関数の収縮、ド・ブローイのパイロット波、ＥＰＲ、ボームＥＰＲ、シュレーディンガーの猫、量子エンタングル、ボームの量子ポテンシャル、エベレットの多世界解釈、宇宙の波動関数、ウィグナーの友人、デコヒーレンス、因果歴史論、ＩＧＵＳ、ベルの不等式、ＣＨＳＨ不等式、ＧＨＺ、レゲット・ガーグ不等式、自由意思、量子計算、量子情報、量子暗号、テレポテーション、エンタングルエントロピー、ＱＢイズム、重力のエントロピー力説、ブラックホールのエントロピー、などなど、である。ここには「裏街道」という表現が適当でないものも含まれているが、要点はこれらのテーマが専門家の間で評価が一致しない時期があったということである。

「裏街道」撤去と再開発の手が

ところで、好奇心旺盛な外部の科学愛好家にとってはこの「裏街道」こそが不思議議を共有できる人気のスポットとなる。量子力学創生期からの話題が並び、どこか昭和時代の神社の祭りの夜店のような雰囲気である。しかしようやく一〇〇年ほどして、長いこと放置状態にあった「裏街道」にも再開発の手が入り、大方の不要なものは撤去され、二一世紀風にスッキリした通りに生まれ変わるかもしれない。そこに掛かっている新しい看板は、量子情報であろう。現在、量子情報はその数理的展開が活発であるが、次の段階ではあらゆる量子物理学の標準言語となっていくであろう。そこでは多くの「裏街道」の謎や不思議議は、問うことに意味のない偽問題に転落し、探究のマインドチェンジが起こるのである。

この予想を私は「二つの量子力学」、すなわち「hのある量子力学」と「hのない量子力学」という形で述べてきたが、現在の言葉で言えば、「hのない量子力学」=量子情報である。ここでhはプランク作用量子定数であり、作用次元の物理量はhの整数倍であるというのが量子仮説である。

そして「hのある量子力学」とは、検出法を開発して、量子情報で対象を探究するモデル構築をする量子物理学である。「二つの量子力学」とは「量子情報理論としての量子力学」と「量子物理学」の意味である。もちろん一〇〇年前には「hのある量子力学」で「hのない量子力学」が構築されたものだが、「hのない量子力学」は対象の法則ではなく対象に立ち向かうツールである。物理学は依然として多様なモノに関わるが、モノの法則ではなくモノの情報を通じてモノを操作することに関わる学問である。

意外で不本意な決着

このような予想は量子物理学を推進してきた多くの物理学者や化学者にとっては意外で不本意な結末であると思う。多分、一〇年ほどの間に量子力学学習の教科書が大きく変わってくると考えている。また変わらなければならないと考えるものである。その一方、そのためにはこれまでの物理学者の意識の巨大な抵抗を乗り越えねばならず、多分世代交代の中でしか進まないであろう。科学は基本的に実験や技術界の現実に基礎をおく経験主義の世界だから、誰も「悔い改める」ことも「喚くこと」もなく、いつの間にか塗り替わっている「革命」でない変遷になる気がする。誰も「黄金の歴史」をひっくり返して不興をかいたくはないし、サムライの時代にサムライの精神で生きた人をからかっても意味がない。

というわけで専門業界の塗り替えは市場原理的にほうっておいても進行するからよいとしても、取り囲む周辺、科学や物理の愛好者や批判的考察に興味を持つ研究者への発信の不在は問題だろう。私の問題意識はまさにそこにあり、本書のテーマもそこにある。

註

＊1　B・デスパーニア『現代物理学にとって実在とは何か』柳瀬睦男監訳、丹治信春訳、培風館、一九八八年。原著はBernard d'Espagnat, In Search of Reality, Springer, 1983.

＊2　一九世紀初め、「サイエンティスト」という職業名を巡ってもこうした軋轢があった、佐藤『転換期の科学――「パッケージ」から「バラ売り」へ』第5章「新語「サイエンティスト」への抵抗――自然哲学と自然愛」、青土社、二〇二二年。

＊3　佐藤「坊主か？　職人か？」『科学』岩波書店、一九九四年五月号巻頭言。佐藤『科学と幸福』岩波現代文庫、二〇〇〇年、第4章に再録。

＊4　佐藤『職業としての科学』岩波新書、二〇一一年。

＊5　Andrew Whitaker, The New Quantum Age from Bell's theorem to Quantum Computation and Teleportation, Oxford UP, 2012.

＊6　B・デスパーニア『量子力学における観測の理論』町田茂訳、岩波書店、一九八〇年。原題はConceptual Foundations of Quantum Mechanics (second edition, 1976) であり、翻訳の「観測の理論」とは異なる。本文での「論議」の時代区分「B　第二次世界大戦後の冷戦期」では「観測」が主題に見えたが、「量子情報」が主題化した現在では後景化した。

＊7　佐藤『佐藤文隆先生の量子論――干渉実験・量子もつれ・解釈問題』講談社ブルーバックス、二〇一七年。

＊8　佐藤『アインシュタインの反乱と量子コンピュータ』京都大学学術出版会、二〇〇九年。

＊9　佐藤『量子力学ノート――数理と量子技術』サイエンス社、二〇一三年。

＊10　シュレーディンガーの「猫論文」はドイツ語であり「もつれ」はVerschrankungという単語である。これは交

叉させる、腕組みとかの意味で、綺麗に秩序だったニュアンスがある。それが英訳でエンタングル（entangle）という単語になった。こちらは「もつれている」、「絡み合っている」というような意味で、無秩序なニュアンスがある。量子力学での「もつれ」の要点は「容易にほどけない」、「分離不可能性」である。

＊11 佐藤『科学者、あたりまえを疑う』第5章「シュレーディンガーの猫の時代」、青土社、二〇一六年。

＊12 佐藤『量子力学が描く希望の世界』青土社、二〇一八年。

第４章

思想で乗り切った量子力学誕生劇

——コペンハーゲン解釈の思想

カール・ポパーのマッハ評

「エルンスト・マッハに比肩しうるほどの知的衝撃を二十世紀に与えた人はほとんどいなかった。彼は物理学、生理学、心理学、科学哲学、純粋哲学（または思弁哲学）に影響を与えた。彼は、ごくわずかな名前を挙げるだけでも、アインシュタイン、ボーア、ハイゼンベルグ、ウィリアム・ジェームズ、バートランド・ラッセルに影響を与えた。マッハは偉大な物理学者ではなかった。しかし彼は大人物であり、すぐれた科学史家で科学哲学者だった。生理学者、心理学者、科学哲学者として、彼は私が賛成する多くの重要で独創的な考え方を主張した。たとえば、彼は知識の理論における、また心理学と生理学の分野における、特に感覚の研究における進化論者だった。彼は形而上学の批判者ではあったが、物理学者にとって（実験物理学者にとってさえ）の導きの光としての形而上学的考えの必要性を認め、強調しさえするほど寛大であった」[*1]。カール・ポパーはこのように述べて、マッハが『熱理論の原理』でジュールに触れて「偉大にして哲学的に深淵な世界観に鼓舞された人によってしか」研究は達成されないと述べた部分を引用する。所謂

「科学者魂」とでも言うべき情念の大切さに触れている。そして、これはマッハのそれ以前の著書『感覚の分析』で強調した「一切の形而上学的問題を排除する」とか「世界について知りうることは、必然的に感覚のうちに現れる」とかいう厳格さを緩めた寛大さを持っていたとして、マッハの豊穣な多面性を指摘しているのである。

ポパーの量子力学評

それにもかかわらず、「不幸にして、彼（マッハ）の生物学的アプローチも彼の寛大さも、われわれの世紀の思想に大きな影響を及ぼさなかった。きわめて影響力があった――特に原子物理学に――のは、彼の感覚論と結びついた形而上学反対の不寛容さであった。原子物理学の若い世代へのマッハの影響がきわめて有力になったことは、まことに歴史の皮肉の一つである。というのも、彼は原子論と物質の「微粒子」説に対する熱烈な反対者で、バークリと同じようにこれらの理論を形而上学的なものとみなしたのだから」[*1]。マッハの「不寛容さ」の帰結が「原子」の否定であったのに、原子の物理学で研究を牽引した若い研究者にマッハの影響が大きかったのは確かに「歴史の皮肉」である。

「マッハの実証主義の哲学的影響は若きアインシュタインによって大いに広まった。だが、アインシュタインはマッハの実証主義を放棄した。その理由の一部は、マッハ実証主義の帰結のいくつかを愕然として悟ったからである。（ボーア、パウリ、ハイゼンベルグを含む次の世代のすぐれた物理学者たちは、その諸帰結に気づいたばかりでなく、これを喜んで受けいれた。彼らは主観主義者になった）しかし、アインシュタインの撤回は遅すぎた。物理学は主観主義哲学の拠点となり、それ以来ずっとそうであり続けた[*1]」

プランクとレーニンに消されたマッハ

これは「物理学における主観主義との戦い――量子力学と傾向性」と題した科学哲学者カール・ポパー（一九〇二―一九九四）の一九六〇年代の文章の一節である。ここでいう物理学は量子力学のことであり、またこの論稿の後半では彼独自の量子力学における確率の「傾向性（propensity）」理論を論じている。引用した「前半」の部分は、第一次世界大戦後の「戦間期」のウィーンにあったポパーから見て量子力学誕生が当時の思潮とどう絡んでいたかを回想した部分である。「誕生劇」の主役たちが育った「世紀転換期」の中欧では、新興勢力として科学が知的世界に登場した時代であったが、その中でマッハの存在は大きかった。マッハの著作は多くの若者を引き付けたが、大戦を挟んだ二〇世紀後半の時代ではマッハは語られない存在になった。「原子の時代」の最中にあって、その到来を科学上の見通しとして外したことが評価を下げた第一の原因であろうが、彼の科学論の言説までも語られなくなったのは「プランクのマッハ批判」

と「レーニンの『唯物論と経験批判論』」という二つの「事件」の影響だと私は以前論じたことがある。[*2]

プランクのマッハ批判（一九〇八年）は科学を目指す若者の教育論議で登場したものであるが、これは冒頭の引用文の中にある科学者にとっての「導きの光としての形而上学的考えの必要性」がポイントである。プランクはマッハがその必要性を否定しているとして、ベルリン大学学長の地位にあった時に引退した老学者を批判したのであった。ここでポパーがマッハもそれには「寛大であった」とわざわざジュールなどの話を持ち出して言及しているのはこの「事件」を意識したものと思う。次のレーニンによる名指しのマッハ批判は、革命派内の主導権争いでボルシェビキのレーニンが恐れたのはアヴェナリウスの思想なのに、「有名人マッハ」をアヴェナリウスと一緒にして自論を大きく見せるのに巻き込まれた感がある。しかしソ連誕生という時代の大きなうねりの中でこの著書は重要な政治文書となり、そのためマッハを語ることが憚られる時代になったと私は考えている。[*2]

二つの量子力学「hのある」、「hのない」

本書の目的は、旧量子から新量子への量子力学の「再生」、すなわち、ＥＰＲ・ベル不等式実験による量子情報理論への転換、それによる「量子もつれ」をキーワードとする量子コンピュータなどの新技術、こうしたまさに量子力学一〇〇年の動向を周辺の知的世界に発信することである。「再生」は方程式の一部の改変などによる変化ではなく、自然という外界と数式の関係に対する視点の一八〇度の転換にある。「hのない」量子力学で扱う「シュレーディンガーの波動関数」(後に数学的に整備されたヒルベルト空間の「状態ベクトル」や「密度行列」)は外界の量ではなく、観測者の情報を担う量であるとする転換である。観測者なしでも外界に自在するものではなく、「hのない」理論は量子「情報理論」なのである。そして、先を急いで言うなら、この量子情報理論だという認識をポパーは主観主義哲学だと批判していたのである。[*3] もう一つの「hのある」(量子物理学)は時空とエネルギーを必要とする作用量子hが存在する外界の構造の探究であり、従来の自然科学のイメージの営みであるといえる。

量子情報勃興後の「平均的態度」と両翼の過激派

量子力学をこういう二重構造で見るのが、現在の研究界での平均的な態度ではないかと推測する。そして、この「平均」的位置の左翼にはエネルギーや時空も全て量子情報だという過激派[*4]があり、右翼には依然として「二重構造」を拒否して状態ベクトルを外界のものだとする「多世界解釈」などの、二〇世紀末までは結構多数派であった、量子力学における実在論がある。

新量子時代に起こっていることは、数学的には同等と言えるが、状態ベクトルや状態密度と観測の関係を情報科学の一環という観点で書き換えることである。そこでは統計力学、情報通信科学、人工知能科学などで基本量であるエントロピーが主役に躍り出て、「hのない」の再構成、特に「量子もつれ」と量子エントロピーの密接な関係などの研究が新たに活発化している。また量子もつれによって多体系に創発する新たなトポロジカル物質相のハイテク分野の研究と弦理論での時空創発などが同質の課題になっており、その数理的課題は情報科学の進展とも重なっている。[*5]

物理研究界とポパー認識の乖離

自分も含めて二〇世紀後半の研究界にあった者からすれば、先のポパーの引用文にある「物理学は主観主義哲学の拠点となり、それ以来ずっとそうであり続けた[*1]」という認識はどう見ても事実ではない。量子力学における「実在とは何か」を論じた第3章でも、二〇世紀後半の大半の物理学者は「恥じらい」の実在論者であったと論じた。こうした科学哲学者と研究界の意識をめぐる相互の錯誤は、科学論の一つの課題を提起しているともいえる。

創造者達の不一致とコペンハーゲン解釈

科学哲学における実在論の旗頭であるポパーの引用文をもう一度みると、まず量子力学誕生劇はマッハの「寛容さのない」悪しき側面である主観主義哲学に乗っ取られたのだと嘆き、特にその念頭にあるのはボーア、パウリ、ハイゼンベルクらが主導した「コペンハーゲン解釈」であり、これを主観主義哲学であると断じているのである。確かにコペンハーゲン解釈は量子力学創業の重要人物達による全員一致の産物でなかったという翳を引きずっている。アインシュタイン、ド・ブローイ、シュレーディンガーらを排除して慌ただしくまとめられたものである。アインシュタインは亡くなるまで異議を公言し、シュレーディンガーは沈黙し、ド・ブローイの周辺には実在論のタネが放置された。

「戦前派」ともいえる湯川秀樹の量子力学観はコペンハーゲン解釈に比較的忠実であったと言える。一九六九年に三浦梅園の思想に触れる文章の中で量子力学が成立して以後「光や電子などのふるまいが物理法則すなわち数式で表現される方程式で規定されていることは、疑いを容れない。これは梅園流にいえば〝条理は天なり〟ということになるのであろう。ところが、そういう数学的形式を物理学的に解釈するために、不確定性とか相補性とかいう、一九世紀までの、いわゆる古典物理学に全くなかった考え方が出てきたのである。これを〝反観はすなわち人なり〟と結びつけるのは、こじつけになるが、そこに多少の類縁性があるとはいえよう[*6]」と述べ、ボーアの相補性原理のように哲学的な二重構造を積極的に受け入れている。また実在論復活のボーム理論に対しては「後戻りする方向には真理はない」と語っている。[*7]

ボーアの教育的指導

コペンハーゲン解釈を唱導したボーアはそれまでの徒弟的研究現場をフラットな討論的現場に変えた稀有な研究指導者でもあった。ボーアの脳裏には、量子力学論争の深化もさることながら、当面は、このツールで様々な新天地に研究を拡大することが肝要と考えた。コペンハーゲン解釈が研究界に対して持った意味はこういう教育的指導であったと私は位置付けている。[*2] 具体的な対象にツールを使って研究のフロントを横に拡大して経験を積み、しかる後に積み残しの問題は再考すればいいという作戦である。だからポパーに名指しされた当人達にも「物理学は主観主義哲学の拠点となり」などという認識はなかったと思う。

ファシズムと原爆で「論争」は中断

ここでコペンハーゲン解釈と量子力学の関係を整理しておく。普通、量子力学誕生劇は次のように年表化される。

一九二五年：ハイゼンベルク行列力学
一九二六年：シュレーディンガー波動力学、ボルン波動関数の確率解釈、ディラック行列力学

と波動力学の同等性
一九二七年：ボーア・ハイゼンベルク「コペンハーゲン解釈（不確定性関係、相補性原理）」
一九三五年：ＥＰＲ論文

一九二七年と一九三〇年のソルベー会議でアインシュタインがボーアに異議を唱えて始まるのが「ボーア・アインシュタイン論争」だが、ボーアは「論争」の詳細な記録を公表して「論争」は終結したという流れを作った。[*8] 二大巨頭の不一致に当惑したためか当時は第三者からの意見表明はほとんどなかった。そして一九三〇年代に入るとヨーロッパはファシズムの台頭で政治的激動期に入り、アインシュタインをはじめ多くのユダヤ系の科学者は亡命を強いられ、また続く世界大戦の中ではボーアもハイゼンベルクも原爆問題への対応を迫られるなど、学界は量子力学をめぐる論争どころではなくなった。

継承されない創造者の「思想」

次にコペンハーゲン解釈の研究界での位置付けだが、ボーアとその周辺の人々の認識は「量子力学」＝「数理理論」＋「コペンハーゲン解釈」という「量子力学」で仕事をする上で必要・十分なマニュアルとの位置付けであった。熱心な信奉者は「解釈」という言葉遣いは、「他の解釈もある」を含意するから、やめるべきだと主張していた。しかし「解釈」という言い方が何十年も消えなかったのは、提唱者の意に反して、たいていの研究者には工業製品のマニュアルのような、必要があれば目を通すが必要なければ目を通さない存在だったのであろう。新理論の中核は数理部分であり、それを自己流の解釈でなんとか乗り切ればいいのであって、そのためには創造者の思想を学ばねばならないなどと夢想だにしなかった。「思想」と科学はもう別物の時代であったからであろう。

コペンハーゲン解釈の位置付けの変遷で大事な要素は、激動の論争中断期を経た大戦後の時代には、量子力学に接する学生数が桁違いに増加したことである。大学の学部レベルの講義が一般的になるのもこの時期である。したがって量子力学の創造者達の「学び」の姿勢と量子力学を使う戦後世代の「学び」の姿勢には大きな転換があった。確かにマッハの洗礼を受けて科学を目指した「創造者達」の知的環境、特にボーアの育った知的環境はプラグマティズムのジェームズなどの新思潮にも触れる特異なものであり[*9]、ポパーが主観主義哲学の巣窟と断ずるのは頷ける。ボーア達は古典物理学の実在論的考えではどうにもならない局面に逢着し、それを主観主義哲学という思想で乗り切ったのだ。しかし、大戦後の拡大した研究現場ではその哲学が受け継がれたわけではないのである。ただそのお墨付きを丸呑みして、量子物理学の大軍団は素粒子、ビッグバン、半導体技術、ＤＮＡ……と「物理学の世紀」を実現したのである。「思想としての科学」から「力強い科学」への変容であった。

第二次世界大戦中の原爆やマイクロ波研究、冷戦期の兵器開発と素粒子・宇宙探究の文化戦争、半導体技術と情報化社会、こういった様々な場面で量子力学に接する研究者・技術者は一〇〇倍近く急拡大した。大戦前の量子力学誕生劇の周辺の研究者による講義や討論で秘技的に学ばれた時代は終わり、多くの常人が講義や教科書で量子力学を学ぶ時代に突入した。職業人になるにはまず古典物理学を学び、そこでは自然という対象を鏡のように正確に描写するのが自然科学であるという実在論が刷り込まれる。ところがそのマインドで量子力学を勉強すると次々と疑問が湧いてくる。しかし不思議なことに、何故か疑問は放置してもツールとして使う分には支障がないのである。むしろ「疑問」に深入りすると「仕事」が進まなくなる。そこでそれこそが新理論の証しだと感じ、「論争」で解決済みの「製造元」マニュアルが既にあるらしく、中身を見たわけではないが、それを覆すなどという畏れ多いことは考えないのだから、「黙って計算せよ」の精神で疑問は丸呑みにした。どうせアインシュタインやボーアといった雲の上の天才たちを自分が越えることなどないのだから、「さあ、仕事だ！ 仕事だ！」というのが常人の研究者の日常なのである。その中で第2章の「クラウザー問題」に見たように、主流から外れた迷える煩悶者を抱える裏街道も存在していたのである。

量子情報の興隆と量子力学教科書

コペンハーゲン解釈の論争的ポイントの一つは「量子力学での変化には、（a）物理法則に沿った時間変化（ユニタリー変化の一種）と（b）観測による変化（射影操作）の二種類がある」という「観測問題」である。（b）の変化は波動関数（状態ベクトル）の「収縮」と呼ばれた。観測を認識行為として物理的現象から哲学的に分離したのである。しかし戦後派の大半の研究者はこれにはついていけないが、その代わりに多数派はこれは未来の研究の課題として未来に残されているのだと考えて思考停止した。一部の少数派は「収縮」をめぐる観測問題に嵌り込み裏街道に堆積していった。

この裏街道の景色を変えたのがEPR・ベル不等式実験であった。ここで状態ベクトルの「非局所性」が確定した。こうして波動関数（状態ベクトル）は「収縮」と「非局所性」の二方面から、その外的実在性の資格を根底から奪われ、量子情報研究の興隆となったのである。

ワインバーグ教科書での「解釈問題」

物理学界の様子が一転したのが二一世紀に入った頃からである。確かに量子情報学という新分野が姿を現したことは認識したが、大半の物理学者はそれは単に巨大な物理学の一角に追加された新参者であると受け取った。[*10] ところがこの新参者が物理学全体を呑み込む過程の始まりなのかもしれないのである。将来的にはポパーがいうように「物理学は主観主義哲学の拠点」になるのかもしれない。たいていの研究者たちの意識がどう変わっていくか？　これに影響するのが量子力学入門の教科書の書き方であろう。

素粒子標準理論の功労者であり浩瀚なる『場の量子論』なども著した偉大な教師でもあったワインバーグが二〇一三年に『量子力学講義』を出版、二〇一五年にはその第二版を出した。[*11] この本では相当な頁を「量子力学の解釈」に割いているが、この部分がたった二年後の改版で大きく変化したのに気づく。どちらでもコペンハーゲン解釈への不満を明言し、第一版では「観測問題」論議の流れで解決かという書きぶりだったが、第二版では解釈問題の落ち着き先として「道具主義」と「実在論」の二つがあるとして、次のように評している。「道具主義の考え方では、閉じた系の状態ベクトルが系の状態の完全な説明を与えるという考えをあきらめて、その代わりに確率を計算するための処方を提供する道具にすぎないとみなす。この見地は量子力学のコペンハーゲン流の解釈と見なすことができる。測定の間の系の状態の神秘的な収縮を持ち出したりせずに」、ただ確率はボルン規則で計算されるとする。したがって「これらの確率が、人々が観測するときにさまざまな結果を得る確率だとしたら、それは人々を自然法則の中に組み入れることになる。これは、自然法則は人間の経験を秩序付け探究するための方法の組にすぎないと見なすボーアのような（道具主義の）物理学者にとっては問題ではないかも知れない。確かにそうだが、自然法則は何かそれ以上のもので、ある意味で客観的事実として「そこにある」のであり、（言語は別として）それを学ぶ人にとっては同じ法則であり、また学ぶ人がいるかいないかにも無関係におなじであるという希望を放棄するのは悲しいことではあるまいか[*11]」と、自分の物理学者魂を吐露している。

物理学と人間

「道具主義の問題点は、測定のときに何が起こるかを考えるに当たって、測定を行う科学者のことを考慮に入れることにあるのではない。そのことは反対できないし、おそらく避けることができない。問題が起こるのは、まさに私たちが、他のすべての事柄と同様に科学者も科学的に理解できると望むからである。またさらにそのために、人間（科学者、観測者、その他誰でも）を自然法則の外に保つからである。（ボーアの考えでは）そういうことが説明できないことは定義によって明らかである。法則が、粒子の軌跡とか波動関数とかともかく観測する人間と無関係な、非人格的な言葉遣いで表されない限り、私たちは人々が自然を観測したり測定したりするときに何が起こるかの科学的な理解に行きつくことを期待できない[*11]」。「科学者（人間の認知）も科学的に理解できると望む」から「非人格的な言葉遣い」にすべしとの考えには物理万能主義があるといえる。

また素朴実在論は法則からの人間の排除を求めるが、なぜか物理学が進むと観測者が登場する。[*12]

新世代著の教科書

大家ワインバーグに比べれば格落ちかもしれないが、新しい世代による教科書である堀田昌寛著『入門　現代の量子力学』[*13]を見てみよう。ここでの「観測問題」、すなわち「収縮」の扱いは気抜けするほどにあっさりしたものである。「式はS（観測対象）系の量子状態ρ（密度行列）が測定によって別な量子状態ρ′へ変わることを表している。この状態変化はS系や、S系とD（検出）系の合成系のシュレディンガー方程式に従う時間変化ではない。これは量子状態の収縮、もしくは波動関数の収縮と呼ばれる。しかしこれは解明されていない謎の変化ではない。〔……〕そもそも（密度行列）ρや（状態ベクトル）|ψ〉は物理的実在ではなく、様々な物理量を測定したときの確率分布の集合を一つの数式で表現しているものに過ぎない。量子状態の収縮は確率分布の収縮であり、測定によって系の知識が増加したために、情報としての確率分布が更新されただけである。これはρや|ψ〉に基づいた量子力学自体が、本質的に情報理論の一種であることを意味している」[*13]。状態ベクトルや密度行列を外界にあるものと見ないとこんなに簡単なのである。サイコロの六つの状態の各目の出る確率分布が六分の一だったのに、振って結果が3という目なら確率分布は3目状態が1、他の目は0に「収縮」することなのである。

幽霊はなぜ浮いていられるかを物理現象として説明するのは難しいが、幽霊が頭の中のものなら悩む必要もない。ただ「状態ベクトルは幽霊みたいなものですよ、幽霊ほどの存在感は巷ではないが」。これでは二〇世紀の物理学者魂なら「悲しい」のは同感であり、先に述べた「平均的態度」という折衷的立場で踏みとどまっているといえる。

註

＊1　K・ポパー『果てしなき探求——知的自伝』森博訳、第34章、岩波書店、一九七八年。

＊2　佐藤『アインシュタインの反乱と量子コンピュータ』第6章「量子力学とマッハの残照」、京都大学術出版会、二〇〇九年。

＊3　前の第2章では「主観主義哲学」を「経験主義、実験主義、実証主義」などと呼んでいる。勿論、意味合いは少しずつ違うが「実在論的」に対峙する意味では同種の概念である。

＊4　例えば、セス・ロイド『宇宙をプログラムする宇宙——いかにして「計算する宇宙」は複雑な世界を創ったか?』水谷淳訳、早川書房、二〇〇七年。

＊5　情報科学で重要になる「誤り訂正」に「もつれ」を利用した「量子誤り訂正」の活用が研究されている。

＊6　佐藤「三浦梅園と湯川秀樹」、『窮理』第2章、窮理社、二〇一五年。

＊7　佐藤『量子力学が描く希望の世界』第6章、青土社、二〇一八年。

＊8　『ニールス・ボーア論文集1　因果性と相補性』山本義隆訳、岩波文庫、一九九九年。この当時の展開は次の本に詳しい。山本義隆『ボーアとアインシュタインに量子を読む——量子物理学の原理をめぐって』みすず書房、二〇二二年。

＊9　佐藤『量子力学が描く希望の世界』第1章「量子力学誕生から「黙って計算しろ」の時代へ」、青土社、二〇一八年。

＊10　数学的には同等であるが、量子情報理論では一九三二年のフォン・ノイマン著『量子力学の数学的基礎』で既に中心的概念である密度行列が、状態ベクトルに代わって、主役を演じる。密度行列は、純粋状態のみでなく、混合状態にも拡張した形式になっており、当初から統計理論の性格の強いものである。また、量子エント

ロピーもそこで導入されているが、長年、量子物理学の中ではあまり注目されなかったことも事実である。

＊11　S・ワインバーグ『ワインバーグ量子力学講義（上・下）』岡村浩訳、ちくま学芸文庫、二〇二一年。原著はSteven Weinberg, Lectures on Quantum Mechanics Second Edition, Cambridge UP, 2015.

＊12　佐藤『量子力学は世界を記述できるか』第1章「観測者の登場――客観世界への闖入者」、青土社、二〇一一年。

＊13　堀田昌寛『入門　現代の量子力学――量子情報・量子測定を中心として』第七章、講談社、二〇二一年。

第5章

量子力学の観測者に見るマッハ残照

――アインシュタインとマッハの四つの時期

「マッハに関しては、彼の社会一般に対する影響と自分に対する影響を分けてみたいと思う。特に『力学史』と『熱学史』において人間の経験から概念が生まれることを示し、最も基本的な概念の場合でさえ体験や経験から得られたという確信を述べている。しかし、そこでは論理の必要については言及していなかった。

彼の弱点はまさにここにあるといえる。彼によれば科学とは大なり小なり経験事実や資料を単に並べる配置の仕方であるということになる。すなわち彼は概念の形成における自由な構成的要素に気づかなかったのだ。ある意味で彼は理論が発見で立ち現れるものとしており、発明で現れてくるものであることに気づかなかったのだ。さらに彼は感覚を解明されるべき課題であるとするだけでなく現実世界のビルディングブロックとみなしている。そうすることで心理学と物理学の差を乗り越えられると考えた。これらの結果として、アトミズムを排除するだけでなく物理的実在も否定することになったのである」[*1]

「次に、自分の生涯へのマッハの影響に関してだが、それは非常に大きなものであった。私の学生の一年目に、彼の『力学史』と『熱学史』に引き合わせてくれたのは君だった。そしてこの二つの本とも自分に大きな感動を与えた。だがそれらが自分の仕事に与えた影響の程度については、実を言えば、自分にもはっきりしないのだ。そして気づいたのは、ヒュームが自分に与えた影響の方が大きかったということだ。しかし、自分でも、潜在意識にアンカーされているものが、どちらによるものなのかはっきりとは分けられない。ちなみに、マッハが後に特殊相対論を感情的に退けたのは興味あることである。（彼は一般相対理論を見ることはなかった）。理論が許容できないほどにスペキュラティブであったのだろうか？　しかし、このスペキュラティブな性格はニュートン力学にもあるし、有力なすべての理論に付き纏っていることに気付かなかったのだろうか。基本概念から経験で確かめられる結論までの思考のチェーンの距離と複雑さの程度については大小様々な違いがあるだけなのだが[*1]」

アインシュタインのミラクル・イヤー

これは学生以来の友人であるベッソ宛のアインシュタインの一九四八年の手紙の一節であり、終生マッハの崇拝者であったベッソに対して何故自分（アインシュタイン）のマッハに対する見方が変わってきたかを述べている。

二人はチューリッヒ工科大学の学生時代に友人になり、その後、ベルンの特許局の審査官としての同僚でもあった。アインシュタインはその間の一九〇五年に特殊相対論、光量子説、ブラウン運動の理論などの論文を一挙に発表して学界に新星として登場した。この頃、アインシュタインは学界との人間的な交流は一切なく、職場の同僚ベッソが唯一の議論相手であり、相対論の論文では名前をあげて彼に謝意を表している。二〇〇五年には国連決議の「物理学のミラクル・イヤー（奇跡の年）一〇〇周年」としてアインシュタインのこれらの業績を顕彰するイベントが世界的に挙行された。

不思議な終生の友人ベッソ

これほどの「ミラクル」に立ち会った唯一の物理学者ベッソであるが、研究史の中に彼の名前を見ることはない。「ミラクル」後、二人の社会的立場は大きく分かれていったが、学生時代と特許局の時代の濃厚な付き合いで、親戚関係にもなったようで、アインシュタイン史の中には全生涯にわたって登場する人物である。[*2][*3]

同業の理論物理学者としてアインシュタインと早期から関係のあったフランクは浩瀚なアインシュタイン評伝の中でベッソの役割を次のように述べている。「彼（アインシュタイン）はしばしば彼の心を自由に語ることができるような相棒のあることを好んだ。彼の経歴の初期の頃においてさえ、彼の考えが他の人々にいかなる反応を示すかをみるために他人に提出してみることを好んだ。

ベルンにおいて、この点での主な相棒はベッソ（ベッソー）とよばれるイタリア人の技師であった。彼はアインシュタインよりも少しく年上で、批判的な精神をもった、非常に神経質な男であった。彼はしばしば、アインシュタインの考え方に対して適切な批判的注意を与えることができた。そしてまた、アインシュタインの新しい驚くべきこれらの考えに対して、さかんに応答した。彼はしばしば新しい考えに対して「それがもし薔薇なら、いつかは花を開くだろう」といった。アインシュタインとベッソの周りには、科学と哲学に興味を持った人々の小さなグループが集まった。彼らはこれらの問題を論じるために時々会合を開いた*4」

一〇〇通以上の手紙交換

ベルン以後のアインシュタインは学界注目の人物としてチューリッヒ、プラハ、チューリッヒ、ベルリン、プリンストンと転々とした。しかし、ベッソとは離れて暮らすことになった後でも両者の間では頻繁に手紙の交換があった。一九六〇年代になりベッソの遺族の家から一一〇通ものアインシュタインからの手紙が発見され、またアインシュタインの手元にあった史料の整理が進むと一一九通のベッソからのアインシュタイン宛の手紙が出てきたという。「離れた生活」の故にかえって記録が残っており、アインシュタイン史の研究には貴重なもののようである。発言が一々話題にされる超公人となったアインシュタインにとっては、ベッソは終生気さくな語り相手であり続けた。そこからは様々なアインシュタインの素顔を覗くことができる。

量子力学創造と「分裂」

本書の主題である量子力学に戻ると、このアインシュタインのマッハに対する「変心」が「ボーア・アインシュタイン論争」に直結しているのである。一九二五—六年版の数理理論に対する解釈や（最終版か？　中間版か？の）見通しをめぐって、量子力学の創業者達の間で意見が分裂した。物理学者は決して哲学的立場を貫くべく行動しているわけでも、また一貫した哲学的見解を堅持する習性を持つわけでもないが、この時の「分裂」は明らかにマッハをめぐる立ち位置の「分裂」であった。探求されるべき「実在」を想定せずに人間の諸「経験」の関係を記述するのが科学であるとするマッハの主張は一八八〇年代以降の中央ヨーロッパの学問界に様々な動きを引き起こす震源地であった。まさに「（フッサールの）現象学も、（エーレンフェルスにはじまる）ゲシュタルト心理学も、アインシュタインの相対性理論も、ウイーン学団の論理実証主義も、ヴィトゲンシュタインの後期思想も、ハンス・ケルゼンの実証法学も[*5]」、どれもこれもマッハ思想の影響下で生まれたものである。

「経験を結ぶ法則」

量子力学創造に関わるプランクからハイゼンベルクの世代までの多くの物理学者も「マザーミルク」としてマッハの洗礼を受けたのである。彼の鋭い物理概念の批判的分析によって、権威をひけらかす旧来の学問界を小気味よく批判する彼の著作は、科学を目指す若い学徒にとって学問世界革新の先導者であった。しかし、量子力学が登場した時期には、物理学の中でのマッハの存在感は既に大きく低下していた。彼の思想が論理実証主義として新たに広がる中でも、一九世紀末のX線、放射線、電子のミクロの世界の実験的発見に続く原子物理学の勃興の中にあっては、「原子」存在に慎重であったマッハの存在感は完全に消滅していた。また以前にも述べたが、学界や教育界ではマッハの「思惟経済」に対するプランクによる「マッハ批判（一九〇八、一〇年）」や「レーニンによる批判」もマッハに触れることを躊躇する雰囲気を醸し出していた。

こうした中で、量子力学の確率的解釈を巡って観測（測定）という行為の決定的役割が浮上した。これはまさに「探求されるべき「実在」を想定せずに人間の諸「経験」の関係を記述するのが科学である」とするマッハの予言を思い起こさせるものである。少なくとも、自然法則も実は全部人間仕様であるとするマッハを持ってくればスッポリと当てはまる。

しかし、これは人間の認識を外しても存在する客観法則があるとする古典物理学の法則観とは異なっているように思えるが、マッハはニュートン力学や熱力学などの古典物理学の基本概念も人間由来であることを歴史の批判的考察で解き明かしているのである。しかしそれは「そうとも取れる」という深読みで初めて説得されることであって、「そう考えない」自由度はいくらでも可能であった。ところが第3章で見たように、「量子力学の確率的解釈」と「非局所性」は「そう考えない」自由度の道を閉ざしたのである。

マッハの亡霊の再来

ボーアとハイゼンベルクが唱えた「コペンハーゲン解釈」は、ポパーが喝破したように（第4章参照）、マッハの亡霊の再来である。ただし彼らはもう過去の人物であったマッハには言及しなかった。数理的関係と現実の関係の解明に四苦八苦するなかで自ずから到達した「発明」であるというスタンスをとった。マッハへの言及はかえって信憑性を損なうと考えたのだろう。これが「波動関数の収縮」あるいは「波動関数のユニタリー変化とは別物の観測による変化の導入」である。

一方、これに異を唱えたのがアインシュタインである。彼は具体的にマッハの臭いに警戒して異議を唱えたのだ。ボーアやハイゼンベルクと違って、彼にはかつてマッハの崇拝者としてマッハと面会したという過去があり、さらに相対論をめぐって様々な因縁があった。ボーアやハイゼンベルクのように「易々と」マッハにジャンプはできなかった。こうして、アインシュタイン、シュレーディンガー、ド・ブローイらに不満を残したまま、ボーアの「当面はコペンハーゲン解釈で具体的な原子世界の解明に取り組もう」という教育的指導が功を奏して、二〇世紀後半のミクロの世界を駆使する技術が席巻する世界が実現したのであった。

第一期――心酔するマッハ読者

科学史家ホルトンはアインシュタインのマッハに対する見方に四つの変遷があったとしている。[*1] 第一期は大学生時代に友人ベッソに薦められてマッハの『力学史』と『熱学史』を読んで心酔した時期である。アインシュタインは卒業時の求職のために当時のドイツ語圏の科学界でマッハと並ぶポジティヴィズムのイデオローグであった物理化学者のオストワルド宛に自薦の手紙を書いたが梨の礫だった。当時、実験物理学者としてのマッハはすでに引退していた。アインシュタインは、結局、大学の職は手にできずにベルンの特許局の審査官に就くわけである。

物理学におけるアインシュタインのマッハへの傾倒は特殊相対論においても顕著であった。同時刻イベントの定義を観測者の導入で行う操作主義的手法は明らかにマッハ流である。すでに電磁気学に関連して導入されていたローレンツ変換を新たな視点で再導出してみせることで、時間空間をアプリオリな認識枠として想定するカント流の考えに一撃を与えるものとして、物理学をこえた知識界に、大きなインパクトを与えた。

第二期――直接の交流

「四つの変遷」の第二期は一九〇九―一三年頃の直接の手紙の交換と一回の面談である。残っている手紙はアインシュタインからの数通であるが、初期のものは長年の崇拝者としての憧憬を綴ったものである。物理学に触れた手紙は、マッハの後任として短期であったがプラハ大学に在籍した後に書かれたものである。「翌年の日蝕で光線が太陽で曲がるかどうかはっきりするでしょう。これは加速度系と重力の系が等価であるという単純で基本的な仮説が実際に成り立つかです。もしそうなれば、プランクは不当にも批判しましたが、あなたの力学についての機知に富む研究がすばらしい確認を得るというものです。なぜなら、まさにあなたがニュートンのバケツ実験の批判的議論で示したように、慣性は物体間の相互作用で生ずるという結論にいたるからです」

この時期、アインシュタインは急速に学界の著名人に変貌し、招待講演で各地を訪れているが、一九一三年秋にウィーンに行った折にマッハ宅を訪れている。七五歳のマッハはもう一二年もの間ひどい中風で、一九〇九年にはウィーン大学の彼に贈られた講座の教授も退職していた。アインシュタインの記憶によるその時の様子はフランクの評伝に詳しい。[*4] アインシュタインが原子の仮定が「経済的でないか?」と問うたのに対してマッハは「もし原子的な仮定の助けによって、それなしでは孤立してしまうような、いくつかの観測可能な性質の間の関係を実際につけることができたら、この仮定は「経済的」な仮定であると私はいいます。なぜなら、これを用いれば種々の観測の間の関係が、ただ一つの仮定から導かれるからです。よし必要な計算がどんなに複雑で困難であっても、私は決して反対しません」。これを受けてアインシュタインは「では「簡単な」および「経済的な」という言葉は「心理学的な経済」ではなくむしろ「論理的な経済」を意味しているわけですね。観測可能な性質は、できる限り少数の仮定から導かれなければなりません。よしこれらの仮定がどんなに「任意」にみえ、結果を出すための計算がどんなに難しくてもです[*4]」と引き取って、論理的な意味での「経済的」なら物理学者が日々取り組んでいることであるとして、学界経験を経たアインシュタインは先鋭なマッハを常識的な線に馴染ませようとしている。孤立していた時期の遠い存在だった第一期の熱い憧憬は直接の交流でむしろ減退していったといえる。

第三期——相対論評価で決別

そして「第三期」にはマッハの方から決別が告げられたのである。第一次世界大戦の混乱もあって一九一六年に没するマッハがその三年前に書いた文章が一九二一年になって『物理光学の原理』の序文として公刊された。しかしこの大戦を挟んで世相も一変し、マッハはもう完全に過去の人間であった。

「寄贈された出版物や交際のある人達の情報で、自分が相対性理論の前駆者と見なされていることは承知している。自分の力学の本で述べたアイディアがいかに新しい提示法であり新しい解釈であったかは今でも想い描くことができる。しかし哲学者と物理学者は自分に対する十字軍（粛清）を続けるだろう。なぜなら、何回も指摘してきたように、私は、オリジナルなアイディアをもって、知識のいろいろな分野で、偏見なく辺りを見回している通行人（rambler）のようなものだからである。そこで、現在の原子論的信仰に承諾を与えないのと同じように、自分は信念を持って相対性理論の前駆者であることを受け入れない。理由は相対性理論がますますドグマ的に成長しているからであるが、この見解に導かれたのには次の特殊な理由もある。感覚の生理学、理論的概念、自分の実験の結果、などまだ引き続き考察を要する。

相対性理論の研究に捧げられた増加しつつある貢献は今後も失われないであろう、それらは既に数学にとっては不動の価値になっている。しかしながら、それが将来でもこの宇宙の物理概念としての地位を維持するものかどうか、すなわち将来でてくるであろう新概念によって広がった宇宙でもその位置があるのかどうか?、科学の歴史の一つの過度的なインスピレーションに過ぎないのか?、それは分からない」[*6*7]。

一九〇九年にマッハは新人アインシュタインを認知して自分の著作を送っている。また相対論に触れた文章もあるがその文献としてはなぜかミンコフスキーの論文をあげている。

特殊相対論及び一般相対論に至る「マッハ原理」[*8]などの直観的論議においては、アインシュタインは研究の視点自体がマッハに傾倒したものであったことは明白である。ところが、ベルリンに移り、四次元時空のリーマン幾何として一般相対論が完成した頃から、マッハへの追悼文などを通じても、その限界を公言するようになっていた。したがって、戦時下の時を置いて現われたマッハからの突然の決別書を目にしても驚くことはなかった。第二期のマッハに宛てた手紙では、プランクによるマッハ批判（一九〇八年、一九一〇年）の不当性にまで言及していた。しかし大戦を跨ぐこの第三期で、アインシュタインはまさにこのプランクの強力な学問的支持を受けてベルリン大学に招かれ、一般相対論を完成したのであった。

第四期——プランクへの近接

一九世紀後半の自然科学界のように哲学の一環として研究が営まれているという風潮は、第一次世界大戦とその後の政治経済の混乱期を経て、大きく変貌していった。またアインシュタインの社会的立場も、「一九一九年の一件」[*7]により、大きく変化していた。マッハの時代は遠くに霞み、アインシュタインの時代に変貌していたのである。物理学の焦点は量子力学に移行していた。ハイゼンベルクの自叙伝には行列力学論文の提出直後のアインシュタインとの対話が再現されている。「あなたに倣ってマッハに従った」と語りかけると「本気で信じてはいけません」と諭されて、若きハイゼンベルクが驚く様子が記されている。[*7][*10] この時期のアインシュタインにとってマッハはもう気になる存在でもなかった。そんな中で終生のマッハ崇拝者のベッソに応えているのが本稿冒頭の引用である。

マッハとアインシュタインの四つの段階を論じているホルトンは、第四期でのアインシュタインの科学観はプランクのそれに非常に近いと述べている。[*1]

ここにプランクが一九三〇年に行った講演の一部を引用する。[*10]

「しかし、ポジティヴィズムは感覚知覚が唯一の知識源であると正しく主張しているため、新しい認識論的問題に対処しなければなりません。「私たちから独立して存在するリアルな外部世界がある」と「リアルな外部世界は直接認識できない」という二つの宣言は、一緒になることで、物理の科学全体が展開する重要な結節点を形成します。これらの二つの宣言は互いに矛盾しており、そこに不合理性や神秘性が蔓延ってきます。こうした状況は物理学だけでなく、他のすべての科学にも付き纏うことです。そしてまた、言い換えれば、科学は直面するすべての問題を完全に説明した状態に達することはないということです。私たちはこれを変更できない事実として受け入れなければなりません。つまり、ポジティヴィズムのように、発祥時からの科学の展望を適切に制限する考えによって、この事実を取り除くことができるわけではありません。したがって、科学の仕事は、私たちが到達できない、そして決して達成できない目標を達成するための無限の努力としてしか見ることができません。そのような目標は、その場合、すべての経験の後ろに立つ本質的に形而上学的なものになります。それではすべての科学が無意味であり、〝野生のガチョウの追跡〟（馬鹿げた追求）に過ぎないと宣言していることになるのでしょうか？ まったくそうではありません、私たちは正しい方向に進むように私たちを導く現実のいくつかの具体的な証拠を明らかにする知識の成長するループを組み立てるために私たちの労働の成果を蓄積することができるからです。このようにして、常に遠くに残っている到達不可能な目標にどんどん近づくことができます。真実の所有ではなく、研究者を刺激し、喜ばせるのは、成功しうるそれへの探求です。洞察力のある思想家なら、レッシングが現在の古典的な解釈を与える前から、そんなことは知っていました[*11]」

「プランクのマッハ批判」と聞くと、実証主義対実在論の対立のように受け取りがちであるが、必ずしも認識論の対抗軸上での「批判」ではない。むしろ科学を「思惟経済」などと軽く描くことで、科学研究の深い感動を蔑ろにしているという、社会的使命に関わる論点であった。認識論的に見れば、ここに引用したプランクの文章などは全くの実証主義である。というか、二〇世紀後半では物理学者の大半は「恥じらいの実在論者」（第3章参照）であったのに比べ、マッハを「マザーミルク」として育った世代の多くの物理学者は信じられない程に実証主義者であったのである。それは、一九世紀の科学が、従来の学問が超越的な存在を掲げるものであったことを批判する新興学問の旗を高く掲げていたからであろう。ところが、二〇世紀後半、「新興」から

「権威」に社会的位置が変更することで、プランクのこのようなマイルドな実証主義が影を潜めるようになったのかもしれない。

註

＊1　Gerald Holton, "Mach, Einstein, and the Search for Reality", Daedalus vol. 97, no. 2, pp. 636–673, (Spring, 1968).
＊2　Jeremy Bernstein, Quantum Profiles, chap 3 Besso, Princeton University Press, 1991.
＊3　ミカエル・アンジェロ・ベッソ Michele Angelo Besso（一八七三—一九五五年三月）はアインシュタイン（一八七九—一九五五年四月）の四歳年上。父はトリエステで保険業を営むユダヤ人であり、一時チューリッヒ居住時にスイス人の妻と結婚。長男ベッソは一八九一年にチューリッヒ工科大学に入学、五年後にアインシュタインが入学した。Hunis 家で行われていたバイオリン仲間の夜会で出会い、交際はじまる。アインシュタインとその妹マヤが下宿していた家の娘アンナとベッソがこの夜会で知り合い、一八九八年結婚。さらに後の一九一年にはアンナの弟とマヤが結婚し、アインシュタインはベッソと親戚になった。卒業後、ベッソはミラノ、トリエステなどで技師として働くが、一九〇四年アインシュタインの推薦で特許庁の審査官になる。アインシュタインが特許局を去る一九〇九年に彼も一旦辞めるが、一九一九年に復職し一九三八年に退職した。一九二六年頃、特許局の所長と喧嘩したが、アインシュタインが仲裁にはいって首がつながった。退職後はジュネーブで暮らしていた。
＊4　フィリップ・フランク『評伝アインシュタイン』矢野健太郎訳、岩波現代文庫、二〇〇五年。
＊5　木田元『マッハとニーチェ　世紀転換期思想史』新書館、二〇〇二年。
＊6　Ernst Mach, The principles of Physical Optics, Dover Phoenix, 2003 (1921).
＊7　佐藤文隆『アインシュタインの反乱と量子コンピュータ』京都大学学術出版会、二〇〇九年。
＊8　佐藤文隆＋R・ルフィーニ『ブラックホール　一般相対論と星の終末』第一章「宇宙観と物理法則」、ちくま学芸文庫、二〇〇九年（一九七五年）。
＊9　佐藤文隆『孤独になったアインシュタイン』第一章「アインシュタインのズレ」、岩波書店、二〇〇四年。
＊10　W・ハイゼンベルク『部分と全体　私の生涯の偉大な出会いと対話』山崎和夫訳、みすず書房、一九七四年。

＊11　Max Planck "Positivism and the Real External World", in Max Planck & Moritz Schlick, Positivism and the Real External World & Positivism and Realism, Minkowski Institute Press, Canada, 2020.

第6章

量子情報の前哨戦

——「世紀転換期」のウィーンとプランクのマッハ批判

プランクのマッハ批判

「最後に、〔マッハの科学の〕「経済原理」的視点を唯一の実りある出発点だと〔誤って〕設定してしまう人々に対して、これまで述べてきたどの議論よりも説得的なもう一つの議論があります。コペルニクスが地球を宇宙の中心から取り除いたように、ケプラーがその法則を提唱したように、ニュートンが重力の普遍性を発見したように、ホイヘンスが光の波動理論を提唱したように、ファラデーが電磁気学の基礎を作成したように、他にもいろいろ挙げることが出来ますが、これらの科学の巨匠たちによる、古い考え方やのしかかる権威との闘いにおいて彼らの武器となったのが「経済原理」だとでもいうのでしょうか。それは断固として違います。知的あるいは宗教的な基盤に基づいているかどうかにかかわらず、彼らは現実の世界像に対する堅い信念に感動したのです。この揺るぎない歴史的事実を考慮に入れるならば、もしマッハの「経済原理」の考えが私たちの知識論の中心に置かれるなら、このような著名な知性のアイデアは乱され、彼らの発想の飛躍は弱まり、それによって科学の進歩が致命的に遅れていたかも知れないのです。「経済主義」の考えなど見えないようにしておく方が、［より効率よく進歩するという意味で］本当の意味でより経済的なのではないでしょうか。あなたはすでにお気づきでしょうが、こうした問題の立て方からして、私がより高い意味での「経済原理」を考慮から除外したり、それを完全に追放したりする考えではないのです[*1]」

この引用はベルリン大学の学長であったマックス・プランク（一八五八―一九四七）が、一九〇八年一二月九日に、ライデンを訪れた時に行ったいわゆる「マッハ批判」といわれている講演の後半の一部である。この講演は「物理的世界の統一性」と題して物理学の専門家を前にして行われたものであり、全体の四分の三は確かに近年の物理学の進展を総括する講演になっている。それは、熱現象の考察で登場した、力学の可逆性と熱力学でのエントロピーの非可逆性をめぐる矛盾が、熱現象を原子集団の確率論で議論するボルツマンの理論によって解消し、物理学の「統一性」が一層拡大したという筋書きである。最後に自分の黒体放射の研究とコヒーレントな放射の関係をめぐる進行中の研究にも触れて「四分の三」の物理学の部分は終わっている。

皮肉まじりの嘲笑

そして残りの「四分の一」に入ったところで、科学の進展を牽引する「統一性（あるいは連携、連合、結びつきなど）」を繋ぎのキーワードとして、前半の数式も出てくる物理学の議論から調子が変わるのである。前半で見た物理学の確実な進展を見るならば、現在、科学者のあいだで流行っているマッハの科学哲学なるものはおかしいじゃないですか？　という趣旨の話が始まる。そして、それが本人の意図であったのかも知れないが、この「四分の一」だけが歴史に残る講演として広く記憶されるようになったのである。まずマッハのキーワードの一つである「知覚の統一性（連合）」を取り上げて批判を展開し、次に、冒頭に引用した部分ではやはりマッハのキーワードの一つである思考の「経済原理」を取り上げているのである。そして次のような嘲笑的皮肉に展開していく。

「私たちはさらに一歩進むこともできます。これらの巨匠たちは、彼らの世界像についてではなく、世界や自然自体について話しているのです。彼らの「世界」と私たちの「未来の世界像」の間に識別可能な違いなどあるのでしょうか？　そんな違いはありません。イマニュエル・カントに従えば、そのような違いの存在を証明する方法がないからです。「世界像」という表現は、特定の思い違いが最初から除外されていることを注意するために使われているのです。ちょっと先見を働かせれば、「世界」と未来の理想的な「世界像」は単一の単語に置き換えてもよく、より現実的な表現だといえます。この方が、明らかにマッハの実証主義よりも、はるかに経済的な考え方として推奨されるべきです。マッハの実証主義は複雑で理解しにくいのに、なぜか今でも物理学者の多くが科学について話すときによく使用しています。

先ほど「思い違い」と言いました。私の発言したことが広くいき渡っており、広く理解されていることを願っていますが、私の側にも深刻な思い違いがあるかも知れません。用心深く向き合うべきあなた自身の問題として残しておきます。論客は幾らでもおり、格言にあるように〝紙にはなんでも書ける〟ので、確かにこれらの問題についてもっと多くのことが考えられ、書かれるでしょう」*1

偽預言者の見分け方

「物理学者のあいだで流行っている」、それも「不適切に流行っている」という認識の上でのプランクの「マッハ批判」であるから、眼前の聴衆の中にも急に飛び出した異例の個人批判に当惑している人が多くいるという想定で彼は話している。だからこれからも自由に大いに議論したらいいというオープンな態度を示した上で、それでも科学者なら絶対に揺るがない真実があるとして、次のように締め括った。

「したがって、私たちは、例外なく、私たち全員が認めていることを満場一致で率直に強調し、認められなければならないことがあります。それは、第一に、自己批判の綿密さ、真の知性のための戦いの忍耐に縛られ、第二に、名誉ある配慮、誤解に揺さぶられないこと、科学の敵の性格、そして最後に、一九〇〇年以上にわたって、私たちに偽の預言者と真実を区別するための究極の絶対確実なテストを与えてくれた次の言葉の力ほど確かなことはありません。〝彼らの果実によって、あなたは彼らを知るでしょう〟[*1]」

プランクの「マッハ批判」は、マッハ科学論のキーワード、感覚の連合、感覚の生理学・心理学・物理学、感覚は科学の唯一の源泉、思考の経済原理、などの論点を取り上げてはいるが、それらを哲学的、社会科学的に掘り下げた理論的な批判を展開した講演ではない。むしろ、科学者の立場から「同業者なら分かるでしょう」という気持ちに訴える評論家風のものであり、論駁の仕方も抑制的である。〝紙にはなんでも書ける〟という格言を引いて科学「論」は幾らでも議論したらいいという、一見、リベラルでオープンな姿勢に見える。それはマッハの主張も体系的な「論」としての整合性や強靭性を誇示するものではなく、科学の課題や研究現場に軸足をおいた評論風のものであったからであろう。こうした従来の哲学者の言説とは異なった言説が科学を目指す若者に新鮮に受け取られていたのである。だからプランクの方も研究現場にいる者として「自分には別なように見えるね」という感想、批評を述べて説得するスタンスなのである。

科学は結果である！

そして、プランクが一番言いたいのは、最後の最後を〝彼らの果実によって、あなたは彼らを知るでしょう〟という格言で締め括ったことにあるという受け取りが多くあった。この場面でこの慣用句の意味を紐解けば、「科学の「論」などはどうでもよく、大事なのは科学での実績だよ」

という、科学の現場と科学を外部から語る言説との関係に関わる、現代にも通底する大きな争点である。その現代版といえる「サイエンス・ウォー」などについては後の第12章参照で取り上げるが、この「批判」の意味とは同質ではない。マッハの目は新学問＝科学の興隆のために乗り越えるべき旧学問の批判に熱が入っているのに対し、プランクの目は体制と化しつつある科学という組織構築に目が向いている。何れにしても「新生科学」の時代の論議であって、文化世界制度の資源を独占しそうなまでに拡大した巨大で横柄に振る舞う現在の科学業界とはパラレルには論じられない。

現在、科学という営みを論ずることの多様性は広く認識されている。すなわち「研究を進める上での方法論」、「科学の社会的位置」、「経済イノベーションの源泉」、「文化の源泉の一つ」、「学問と科学」、「QDOS的倫理性」、「科学の社会的統制」、「民主主義を支える合理的基盤」……といったものである。決して認識論や方法論に限ったものではない。しかしようやくサイエンスという〝新学問〟が学問・教育・産業の中で地歩を固めつつあったこの時期、科学「論」はそのアクターに向けたものと受け取るのは自明のことである。プランクの結語は「どんな哲学でも、どんな宗教心でも、どんな動機でもいいから、成果を出しなさい」という科学界内へ発した成果主義のメッセージとも取れるし、実際、そのような受け取り方も多くあったのである。この点、第5章でみたポジティヴィズムを論じたプランクの講演からの引用が科学界の外部に向けた「科学は絶えず進展する（改訂される、最終理論はない）」というメッセージとは対象が違っている。

科学業界では「悩むより成果を！」というメッセージは時々発せられる。量子力学の歴史の中でも、第二次世界大戦後のアメリカで「黙って計算しろ（shut up and calculate）」という気風があったし、[*2]その歴史を二〇二二年度ノーベル物理学賞受賞者の「クラウザー問題」（第2章参照）にも見てとれる。

「マッハ批判」の二つの背景

プランクのこの「マッハ批判」は瞬く間にドイツ語圏の科学界、大学界で大きな話題になった。この二人が著名人であったことの証明なのだが、それにしても、二人の年齢差は二〇歳、さらにマッハはこの一〇年ほど前に病気で半身不随の状態になり、ウィーン大学を一九〇一年に退職して久しい。そのような七〇歳の生身の人間に対する批判であり、実際マッハも短いコメントを発表した。また「非礼だ」との声も多くあったようである。

プランクがこの時期にこの挙に出た理由としては、一九〇六年九月のボルツマンの自殺と理工系高等教育拡大での学生の教育問題という二つの背景が指摘されている。後者については私もこれまで論じてきており、[*3*4*5]ここでは前者について見ていく。

マッハとは

一九世紀末の碩学エルンスト・マッハ（一八三八―一九一六）は現在のチェコ領ブルノに生まれてウィーンで育ち、ウィーン大学で物理学を学び、グラーツ大学を経てプラハ大学に長く務めた。ドイツ帝国と並び絶頂期にあったオーストリア・ハンガリー帝国の時代である。民族問題で揺れ始めたプラハでは学長も勤めた。その後一八九六年にウィーン大学の科学論の教授に就いたが、一八九八年には半身不随の身になり退職した。ウィーンに戻った時には爵位は断ったが、貴族院の議員には就いている。一八七七年頃、銃弾などの高速物体の衝突現象に取り組んで高速写真撮影の実験技術の業績もあり、現在、音速で規格化した速度の単位であるマッハ数はこの業績によって命名されたものである。日本のＪＳＴに相当するドイツのフランフォーファー研究開発機構に属する研究所群の一つに、ＥＭＩ（Ernst Mach Institute）と呼ばれる高速写真技術などの研究所がある。

しかし一九世紀末のマッハの名声はこの実験物理の功績によるものではない。物理学の概念の歴史的批判を行い、科学の実証主義的な哲学を展開した著作が多くの読者を獲得したことにある。『力学の発達』（一八八三年）、『感覚の分析』（一八八六年）などは何回も補遺をかさね、英訳も早い時期に出版された。彼はその科学認識論にも関係して揺籃期の生理学や心理学にも貢献し視覚心理学の用語でマッハバンド、耳の蝸牛殻、三半規官の機能に関するマッハ・ブロイエル説、ヘルムホルツの音楽理論批判、などが有名である。[*4][*6]

ボルツマンとは

ルードビッヒ・ボルツマン(一八四四―一九〇六)はウィーンに生まれ育ち、ウィーン大学で物理を修め、その後、グラーツの大学に移り、一八七〇年代に英国のマクスウェルの気体分子運動論を基礎に熱現象の不可逆性のH―定理による証明やエントロピーの統計的関係式を与えた業績で名声を得た。しかしそれとともに実証主義の陣営からは「幼稚な機械論者」というアトム派批判に晒された。一八九三年、師であったシュテファンが急死し、ウィーン大学の物理学教授に就いた。

ボルツマンは一八九四年オックスフォードで開かれた英国学会主催の討論会に出席した。彼はその経験をドイツ語圏に持ち込んでエネルギー派のオストワルド[*7]に公開討論を挑むなどの派手な行動に出ていた(一八九五年実施)。一八九六年以降、ウィーン大学での物理学と哲学の講義は人気を博し、科学哲学の講義には六〇〇人もの聴講があったという。彼の人気を聞きつけて皇帝が宮中顧問官の爵位を与え、宮殿に招待するほどだった。[*8]

マッハの帰還とウィーン文化界

ボルツマンがウィーンに戻る際の人事では、マッハを推す声もあり、彼も一八九五年には哲学科の教授としてウィーン大学に戻った。それまでは物理や生理や心理のサイエンス界で知られたマッハであったが、ウィーンに戻るとすぐにその文化界の寵児として人気を博した。彼の講義には大学内で一番大きなホールが使われるほどであった。ある文化評論家の見方では彼の「自我は死を免れない」との言辞が文化世界に火をつけたという。[*6] エゴでさえ捨て去られることで、最後の偶像が破壊されて、最後の逃避先も陥落し、最高の自由が勝利し、あらゆる［形而上学的な］もののの消去作業は終了したとして、キャッチフレーズ "Das Ich ist unrettbar" は若者をとらえた。[*9][*10] ムジール、ホフマンシュタール、フッサール、ノイラート、などなど、科学の枠をはみ出してマッハの衝撃は広がっていった。人気最高潮の一八九八年に病魔が襲い、半身不随になり新たな発信も終焉したが、哲学、文化の世界への衝撃はこの時期以後にも広がっていった。

ボルツマン自殺へ

ボルツマンはマッハと一緒のウィーンでは居心地の悪さを感じ、一度はドイツのライプツィヒの大学に移るが、そこにはオストワルドがいて、一九〇二年には再びウィーンに帰ってきた。一九〇四年のカリフォルニア訪問や還暦祝いが世間の話題になるなどポジティブな意味でも刺激の多い生活だった。その反面、物理学の講義でマッハを名指しした口汚い攻撃を延々とおこなうなど、聴講した学生の中には非礼だとマッハに手紙で知らせることなどもあった。そして一九〇六年九月に自殺したのである。

彼にはもともと躁鬱の精神障害があり、若い時から時々奇矯な振る舞いがあったという。二度目のウィーン以後、色々な刺激で躁鬱の振幅が拡大して安定を崩した。田舎のグラーツで静謐に暮らした彼の精神にとって、当時、学術、文化両面で世界の中で最も刺激的ともいえるウィーンで、名士として生きることは過酷過ぎたのであろう。家族も見かねる状態になって、初めて長期休暇を決意し、アドリア海沿岸のトリエステ近郊の保養地に移った。八週間ほどし、少し回復したので彼はウィーンに戻るといい、反対する妻と口論になって、妻は激昂する彼一人を部屋に残して外出し、程なく戻って縊首現場を発見した。

今日から見て興味を引くのは、この自死事件の報道や解説が数日にわたってウィーンのマスコミを賑わしたという事実である。[*11] このことは、マッハ対ボルツマンというある意味で高尚な論争が文化界に広がって彼らをマスコミ的に有名人にしていた事実を浮き彫りにしている。「世紀末病」という世相の一シーンと捉えられた面もある。この不幸な事件で理論物理が世間の興味を集めたことも含め、プランクへの衝撃は大きかった。ボルツマンを追い詰めた犯人探しで〝三〇年戦争〟とかいわれたマッハの影響を学界から除くことがボルツマンへの追悼だとプランクは考えたのであろう。

エクスナーの就任演説

プランクの「マッハ批判」と同じ年の秋に、ウィーン大学の物理学者フランツ・エクスナー（一八四九―一九二六）は、学長就任演説のなかで、狭隘な決定論的法則性の桎梏を脱して確率的な法則性を物理学に導入した先覚者として、マッハとボルツマンを同一の系譜に位置づけている。[*4] そして、力学の基礎にさえ確率法則を置く自分の学問論と文明論はオーストリア物理学の経験論の伝統を受け継ぐものだとした。カントを基層とする中欧にあっては、結果には原因があるとする因果性を捨て去ることは、このドグマから抜け出す革新を意味していた。当時の非ユークリッド幾何をめぐる議論にもカントのカテゴリー論からの離脱の試みもあった。

アトムと熱の理論

アトムの存在は現在では一般常識になっているが、一九世紀末の学界はアトム派と反アトム派に二分されていた。状況を変えたのは一八九五年から数年の間でのX線、放射線、電子、ブラウン運動などの実験的発見である。[*12] その後の量子力学誕生でミクロの対象を直接制御できるようになり、二〇世紀後半のハイテク社会が形成されたのである。原子を人工的に組み合わせてプラスチックのような新素材が開発され、インターネットを電子や光子が走るアトム世界の観念が一般にも定着している。

ボルツマンを自殺に追い込んだという一九世紀末の論争とは前記のようなアトム世界の存否をめぐって争われていたのではない。アトムというモノの話ではなく、因果的か確率的かという（記述）論理をめぐる論争だったのである。エクスナー演説にある「因果性からの解放」という本質が、想定外の「実験的発見」を前にして、ずり落ちていったと言える。「高校物理」でボルツマンをアトム派の悲劇の闘士のように描くのは全く誤りである。

ボルツマンの業績は、「熱の理論」を一つの例題にして、ニュートン以来の第二弾とも言える、物理学に新しい数理手法を持ち込んだことである。それは、統計、確率、情報などの数理手法であり、現在の物理学には力学と情報の二本柱があるといえる。ここで思い出すべきは「二つの量子力学」（hのある量子物理とhのない量子情報の二本柱）である。そしてこの量子「情報」のオリジンにこそボルツマンはいるのである。プランクは、当初、ボルツマン派ではなかったが、量子力学の出発となった自分の黒体放射の理論以後は急速にボルツマンの理論に傾倒していた。[*13] そのため、ボルツマンの悲劇に対する抑えられない感情が個人批判という挙に彼を突き動かしたのであろう。

「力学」と「情報」の二本柱

運動が摩擦で止まり熱に変わることから運動と熱が同等の関係にあることは頷ける。しかし、熱現象の特異さはその非可逆性にある。熱は高温から低温に流れるが、低温から高温には流れない。このことをクラウジウスはエントロピー増大の法則として定式化した(一八六五年)。このエントロピー増大則は熱を微粒子の運動エネルギーであるとするアトム派に難問を突きつけていた。ニュートン力学に支配される微粒子の運動は可逆的であるから、その集団的特性である熱の法則も可逆的となるはずで熱の非可逆性は矛盾である。この難問に答えを与えたのがボルツマンである。そこでは物理現象を確率と情報量の法則として記述する新概念としてエントロピーを位置付けたのである。この認識はボルツマンと独立にギブス(一八三九―一九〇三)によっても得られた。その後一九四八年には情報通信理論の中でシャノンは情報のエントロピーを提案した。そのことで熱力学エントロピーとの同質性が明らかになり、この確率的数理手法の応用として、二〇世紀後半では、情報科学が大きく発展した。

大事なことは「力学」と「情報」、この二種類の法則は互いに独立で、一方から他方を導出できるものではないことである。この点も量子力学における状態ベクトル波動関数の二種類の変化、ユニタリーと観測による収縮は一方から他方が演繹できないことに似ている。観測をユニタリー変化の特殊な状況として位置付けようとしたり、多世界解釈という収縮のない量子力学にしたりする試み、こうした「裏街道」の多くの徒労の試みがあった。同じく熱力学エントロピー増大の法則に対しても統計性を長時間の運動で基礎づけようとするエルゴード定理の研究などの試みがあった。

情報科学の前哨戦

量子力学の「新時代」とか、新「量子」とか、「再生」とか言って、もう一〇〇年近くなる量子力学の量子情報としての新局面が始まるという導入で始まった本書が、何故か時代を逆行して一九世紀から二〇世紀の「世紀転換期」のウィーンに迷い込んだ感がある。

昨今、量子物理学がもたらしたハードウェアの進歩で人間の知的作業能力を追い越すＡＩマシンが話題である。よく耳にする機械学習、深層学習などのＡＩマシンの基礎にはボルツマン・マシンといったかたちでボルツマンの名が登場する。一九世紀、カントから脱出しようとする戦いが今日のＡＩをもたらしたと言えるのである。量子力学前の「世紀転換期」にも古典力学をめぐる「二本柱」の前哨戦があったのである。

註

＊1　Max Planck, A Survey of Physical Theory, Chap. 1, translated by N. Walker, Dover Publication, 1960. 筆者訳で括弧［　］内は補筆。

＊2　佐藤『量子力学が描く希望の世界』第1章、青土社、二〇一八年。
＊3　ジョン・L・ハイルブロン『マックス・プランクの生涯　ドイツ物理学のディレンマ』村岡晋一訳、法政大学出版局、二〇〇〇年。
＊4　佐藤文隆『アインシュタインの反乱と量子コンピュータ』京都大学学術出版会、第7章、二〇〇九年。
＊5　佐藤文隆『職業としての科学』岩波新書、第3章、二〇一一年。
＊6　John t. Blackmore, Ernst Mach. His works, life, and influence, University Calfornia Press, 1972.
＊7　ウィルヘルム・オストワルド（一八五三―一九三二）は硝酸の製造法や触媒の研究で物理化学の父といわれる科学者で一九〇九年にノーベル化学賞受賞。彼は「モニスト運動」や科学教育などでドイツ語圏の文化界で大活躍をした大物科学者であった。彼の「原子論反対」は「実験がまだない」ための反対であり、実験が出るとあっさり原子論を認めている。真理の士ボルツマンを苦しめた反動の士として描くのは誤りである。
＊8　ブローダ『ボルツマン　現代科学・哲学のパイオニア』市井三郎・恒藤敏彦訳、みすず書房、一九五七年。
＊9　木田元は「自我は死を免れない」よりは、むしろ「自我はもう見限られた」、「自我はもう救いようがない」と訳されるべきとしている。木田元『マッハとニーチェ　世紀転換期思想史』新書館、二〇〇二年。
＊10　マッハ『感覚の分析』第一章（須藤吾之助・廣松渉訳、法政大学出版局、一九七一年）からの筆者編集の引用。「第一義的なものは、自我ではなく、諸要素感覚である。諸要素が自我をかたちづくる。私自我が緑を感覚する、ということは要素緑が他の諸要素感覚記憶の或る複合体のうちに現れるということの謂いである」、「各人は自分を不可分な・他人から独立な統一体だと考えて、自分についてしか知らないと思い込む。しかしながら、一般的な意味内容は、個人という枠をつき破って、己の母体となった人格から独立に、無論別の個々人と再び結びついて、普遍的・非人格的・超人格的な生存を続ける。これに寄与することが、芸術家、学者、発明家、社会改革家、等々にとっての無上の歓びである」、「自我は死を免れない。このことの洞察から、また恐怖から、極端に悲観的な、また逆に楽観的な、宗教的、禁欲主義的、哲学的倒錯が生ずる」。
＊11　市井三郎「ボルツマンの哲学思想と自殺の原因について」。文献＊8の訳者追補II。
＊12　オストワルドはブラウン運動の実験で、マッハは放射線の軌道で、アトム説をあっさり認めている。納得は実験でという経験主義者の真骨頂である。
＊13　エントロピーを状態数Wの対数で表すいわゆるボルツマンの公式（S = k log W）やボルツマンの定数kなど

は彼の不朽の成果として現在知られているが、このような理解は一九〇〇年ごろにプランクによって整理して提示されたものである。

第 7 章

エントロピーと主体の参加

――エディントンの二種類の法則

エントロピーとメロディー

「次の言葉を二つのカテゴリに分類するように求められたとします。
距離、質量、電気力、エントロピー、美しさ、メロディー
私はエントロピーを、最初の三つではなく、美しさとメロディーの方に分類する強い根拠があると思います。エントロピーは、ある部分を他の部分との関連で見るときにのみ識別され、美しさとメロディーを識別するのも諸部分を他との「関連」のもとで見たり、聞いたりするときです。これら三つはすべて「関連」の特徴に関わるものです。そして、この三つの仲間の一つであるエントロピーが、科学の場でありふれた量として扱われていることは重要なことです」[*1]

この引用は量子力学成立期の一九二七年、アーサー・エディントン(一八八二―一九四四)がエジンバラで行なった自然神学を掲げるGifford講義の内容を補充した『物理宇宙の性質』からのものである。専門外の広い教養層を前に語りかけている特徴がよくでており、近年、再刊されているように、人間にとって科学とはいかなる活動かの問いに対する、冒頭の引用のような新鮮な

警句に満ちている。

厳密科学と影の世界

「このよそ者（エントロピー）が科学の原住民（距離、質量、電気力など）の間でうまくやれた理由は、彼らの言語、つまり数量の言語を話すからです。それは測定される数量を持っているので、物理学に違和感なく溶け込んでいるのです。美しさとメロディーには数量につなぐパスワードがないため、ブロックされています。このことは、厳密科学が見ているのは、あるカテゴリーの存在そのものではなく、計量可能な面を持つ存在であることを教えています。後に見るように、科学で認知するのはその計量的側面のみだけで満たされているのです。たとえば、いくつかの数値属性（美しい対称性の比率とか）を急拵えして、それによって科学のポータルへの入場券を獲得して、その中で美の十字軍を始めようなどと目論むことは、美しさにとって何の役にも立たないでしょう。科学では、数値的側面のみが正当に認められ、それらの美的重要性は枠外に置かれるのです[*1]」

この時代には「厳密科学（exact science）」という用語が通用していたが、現代的には数理科学といった意味であり、物理学とは微妙な差もある。冒頭の引用では美やメロデイーも厳密科学で扱えるような期待を持たせるが、ここの引用ではその期待にすぐ水をかけ、扱われるのはリアルな世界の「影の世界」であり、真実だがある一面にすぎないと注意している。

「（偶然ではなく）目的としての自分の意識に触れるような、何かより重要なものにも関わるかと微かに期待するかもしれませんが、そうした意味合いのものは全てこれの枠外に残されます。エントロピーのような量も〔厳密科学の中で〕質量や距離などに劣らない役目を果たしているのだから、単なる数を超えた何者かに違いありません。しかし、その部分は、厳密科学のスキームに、つまり影の世界に組み込むことで失われていると思います」[*1]

アインシュタイン旋風「一九一九年の一件」の立役者

アインシュタインを世間で超有名にした「一九一九年の一件」[*2]を演出した張本人として世間の注目を集めたエディントンは「一般相対論が解るのは世界で三人しかいないというのは本当ですか？」とのマスコミの質問に「三人目はいるの？」と記者に返して喝采を浴びた時代の寵児であり、二つの大戦の戦間期の文化界を彩った著名科学者の一人である。

英国エリートの学歴ではなかったが頭角を表してケンブリッジ大学の名門トリニティカレッジに送り込まれ、数学トライパスで首位となり、天文学の世界で指導者となっていった。「一九一九年の一件」では一般相対論検証の日食観測で力量を発揮したのであるが、彼の本領はその理論的才能であり、天文学、厳密科学、物理学そしてサイエンス全般について、篤信のクエーカー教徒としての独自の立場から、大胆に発言した大科学者であった。

なぜいまエントロピーなのか？

冒頭の引用文の主題はエントロピーであるが、後にも触れるようにエントロピーは長い奇妙な歴史を辿って来ている。社会的には、地球環境やエネルギーのグローバルな問題が浮上した一九七〇年代以降、しばしば「環境悪化がエントロピー増大に当たる」として、社会経済用語にランクインした時代もあった。[*3] 賞味期限切れと看做されたか最近はあまり目にしないが、現代社会にとってエントロピーが核心的概念として日々寡黙に働いている領域は情報技術の世界である。情報通信から画像処理まで、ゲームからAIまで、デジタル情報技術とエントロピーの関係はなぜか世間的には語られない。そして二〇二二年のノーベル物理学賞（第1章及び第2章参照）で顕彰された「量子もつれ」の非局所性の実験的確証によってもたらされた「量子力学は量子情報の理論」との研究界での認識が、ここ十数年の間で広がると同時に、情報統計力学、量子多体問題、場の量子論、弦理論、量子重力などの理論物理の世界では一斉にエンタングメント・エントロピー（EE：「量子もつれ」・エントロピー）の計算が始まっている。老舗の量子物理学の一角に小屋掛け的に店を出した感のあった量子情報理論に客が一斉に群がって、「老舗」が「小屋掛け」に食われるような事態が生じている。この動向は量子コンピュータ開発などをハイテク経済の起爆剤と目論む投資家や政治家の思惑と「もつれ」あって、一部の理論家の糊口を潤し、国家から期待される人材に豹変する状況も生まれているのである。あまり知られていないが、二〇二一年のノーベル物理学賞は眞鍋淑郎とクラウス・ハッセルマンによる地球温暖化のシミュレーションの業績に与えられたものとして社会的には記憶されているが、実はもう一人ジョルジョ・パリジという理論物理学者がエントロピー計算の手法での業績で受賞しているのである。[*4][*5] エントロピーをめぐる基礎科学の研究はまさに旬なのである。[*6]

『いまさらエントロピー?』

私の出身研究室の先輩である杉本大一郎に『いまさらエントロピー?』という著書があるが、宇宙物理学者の彼は一九八〇年代の環境問題の場面で流行ったエントロピーなるものの混乱ぶりが気になって『エントロピー入門――地球・情報・社会への適用』という著作を世間に問い、その流れで執筆を依頼されたのがこの本のようで、こちらは理系学生向きである。[*7] 一九八〇年代末、東大駒場で「中沢事件」なるものがあった。西部邁、蓮實重彥、舛添要一などの著名人士と杉本らは対決したようであるが、彼が出ていったのは文系でのエントロピーの〝いい加減な使用〟の混乱ぶりに腹を立てていた前歴があったからではないかと、後輩として推察する。後のアメリカでのソーカル事件のハシリのようなミニ「サイエンス・ウォー」であったのかもしれない（第12

章参照）。

本題に戻ると、かようにエントロピーという概念は厳密科学の中では長いこと正体の曖昧な概念であった。発端は一九世紀の蒸気エンジンという熱機関の効率に由来し、その後も応用的な化学反応の熱力学では大事な概念になるものの、X線、原子、光子、素粒子、DNA、原爆、トランジスター、レーザー、超伝導、ブラックホール、ビッグバン、統一理論、超弦理論などといった、煌めく二〇世紀のスター用語を前にしては、どこかスマホでSLを見ているようなレトロな雰囲気が長いこと付き纏っており、理工系の専門家を自負する人でも「今エントロピーが旬です」と言われてもチンプンカンプンかも知れない。

エントロピー図鑑

ともかくも漂流するエントロピーの正体を追うために、顔をだす科学のテーマを以下に羅列してみる。

A　熱力学のエントロピー（カルノー・サイクルと仕事効率、永久機関の不可能性、クラウジウスのエントロピー状態量、非可逆の熱力学第二法則と熱死、絶対温度）

B　統計力学（分子気体論、ボルツマンのH定理と非可逆の起源、エルゴード理論、ギブスのアンサンブル

と状態数・確率、量子統計、ゴム弾性のエントロピック力）

C　散逸構造形成（自由エネルギー、散逸と自己組織化、非線形熱力学、重力熱力学、ブラックホールのエントロピー、カオスから秩序形成、複雑系）

D　情報通信理論（シャノンの情報エントロピー、符号理論、誤り訂正理論）

E　計算機理論と熱（マックスウェルのデーモン、ジラードの熱機関、ブリルアンの情報獲得と熱、ランダウワーの計算機の消去熱）

F　人工知能と量子計算（スピングラス理論、情報統計力学、ニューロ計算機、可逆計算素子、アニーリング、レプリカ法）

G　量子情報（密度行列、ノイマンの量子エントロピー、レニ・エントロピー、サリス・エントロピー）

H　量子多体問題（エンタングル（量子もつれ）・エントロピー、ネガティビティ、トポロジカル物質）

I　弦理論と時空（ホログラフィー・エントロピー、ブラックホールのエントロピー、エントロピー力としての重力）

専門家が見たら首を傾げる部分もあるかも知れないが、エントロピーが展開されている分野を羅列してみた。はじめの三つは古典物理関係（A―C）、次は情報科学関係（D―F）、そして最後は量子力学関係（G―I）である。本書で一部については内容に触れるものもあるが、ここではともかく「拡大したエントロピー」を実感してもらうだけで十分である。

化学屋の地味な道具概念

「今が旬……」というのは「長い間、そうではなかった」ということである。熱学に由来する「クラウジウスのエントロピー（一八六五年）」と「ボルツマン・ギブスのエントロピー（一八七七年）」を別にして、その後の解釈の拡大につながる「マックスウェルのデーモン（一八七一年）」、「フォン・ノイマンの量子エントロピー（一九三二年）」、「シュレーディンガーのネゲントロピー（一九四四年）」、「シャノンの情報エントロピー（一九四八年）」などが提起された年代は随分古いが、物理学の標準的な教科書に現れるのは二一世紀に入ってからといってもよい。私は大学物理学科四年生の一九五九年、研究室分属では統計物理の研究室を選んだが、それはボルツマンを悩ませた可逆力学から不可逆のエントロピー増加則が出てくるのを理解したいと思ったからであったが、はぐらかされた感があった。今は問題に立ち向かう二つの異なる態度に由来すると思っている。

一九六〇年代以降の研究界での自分の体験でまず現れたエントロピーは「古典C」の関係で、これが前述の「環境悪化」や「複雑系」など文系的文脈のメタファーとして重用された時期でもあった。研究上では一九六〇年代からの情報科学、一九七〇年代のブラックホールの熱力学、さらに一九八〇年代からの重力熱学[*8]、二〇〇〇年代からの量子もつれなど、ボルツマンの時代には予期されていなかった新しいエントロピーの展開が始まった。

「一九世紀最大の成果はエントロピー」

こうした兆候が現れる遥か以前の一九二七年のエディントンによる冒頭の引用文には目を開かされるものがある。原子から素粒子へと「物質の解剖」が進行する最中で、次世代の重要問題を予言していたのである。エディントンは「科学哲学の観点から、エントロピーに関連した概念は一九世紀科学思想の中で最大のものである。それは科学が注意を払うべきことは微視的な物質の解剖で得られるという見方への反省であると言える[*1]」と断じ、「エントロピー増加の法則は、自然法則の中で最高の地位を保持していると思う。誰かがマクスウェルの方程式と違う理論を出したとして、実験家はそれでしくじるので要注意だが、マクスウェル方程式が劣ることがないとは言えない。しかし、あなたの理論が熱力学の第二法則に反しているなら、私はあなたに希望を持たせられない、最大の屈辱で崩壊するでしょう[*1]」とまで言い切っている。

実際に「古典C」の立役者でのちにノーベル化学賞も受賞するイリヤ・プリゴジン(一九一七—二〇〇三)はその著書[*9]でエディントンのこの予言の意義を高く評価しており、研究界にも影響を及ぼしていたことが窺える。

「私の前には二つのテーブルがある」

ここで一旦冒頭のエディントンの引用に戻る。この本は「古典物理学の崩壊（downfall）」と題した章から始まっているように相対論と量子論の新しい物理学から見る宇宙像を論じており、Gifford講義の趣旨に応えて、終章は敬虔なクエイカー教徒として、「科学と神秘主義」で締めくくっている。講演は「私の前には二つのテーブルがあります」[*1]という発言ではじまる。普通人としての自分と科学の玄人としての自分が「リアルな世界」と「科学の世界」の二つのテーブルを行ったり来たりしながら生きており、各々のテーブルのものを安易に移動させると混乱が起こるといった話をしたり、「リアルな世界」のテーブルは無雑作に満載だが、「科学のテーブル」はまだ空き空きであるといったイメージを語ったり、科学を科学の中で見るのではなく、リアルな世界との関係で見る語りがこの本を時代を超えて意義あるものにしているといえる。

四次元時空と生成「時間」の消滅

世間には「一九一九年の一件」のアインシュタイン症候群の余熱がのこるこの時代、アインシュタインと並ぶ立役者の一人という世間のイメージに合わせるかたちで、サイエンスの話は四次元ミンコフスキー空間の相対論からはじまる。いくつもの図表を提示して新しい時間空間論を丁寧に説明していく。四次元で見れば過去の世界も未来の世界も一緒に捉えられる。過去は過ぎ去って消滅し、未来はまだ存在しない、この思いとは全く逆な世界像である。しかもニュートン以来の運動の力学が時間の反転に対して不変であり、(時間軸を上下とする) 四次元世界図の上下をひっくり返した世界も可能であるとこのサイエンスは語っている。

しかしこれはリアルな感覚とあまりにもズレている。人間が生まれて亡くなる事象を四次元に描いて「上から下にみても、下から上に見ても、いいのだよ」といわれてその見方に改心する人はいないだろう。それは物事の「あること (being)」と「成ること (becoming)」との区別を捉えることにこの科学は成功していないからである。ここで彼の「時間の矢 (arrow of time)」という時間論が語られ、そのサイエンスとしてエントロピーが登場するのである。ここで「二つのテーブル論」の布石が効いている。「お前のリアル世界の見方は古すぎる、最新科学の四次元世界像に入れ替えろ」ではなく、科学の方が十全でないのである。科学のテーブルには出来上がったものだけが並んでいるのであって、まだ空き空きなのである。

エントロピーはエンジニアの創造物

「前世紀の明晰な先駆者のおかげで、科学は物理学の主要なスキームに従うことによってそれが実用的に重要な何かを見逃していることに気づきました。エントロピーは、どの区画にも見られませんでしたが、認識されるようになりました。それは哲学的な飢餓を満たすためではなく、実用上不可欠なので発見され、高められました。これで科学は致命的な狭さから救われました。常習の方法を完全に守っていたら、物理的世界に「成る」を表すものは何もなかったでしょう。そして、科学は、点検の上で、「成る」ことは、美しさ、生命、魂、などと同じく科学に根拠のない精神的幻想だと結論していたでしょう。

この新参者（エントロピー）が厳密に科学的であるのかに疑念はあったでしょう。エントロピーは、他の物理量と同じカテゴリーではなく、危ういものを対象にしています。要素の配置に関わる属性を物理学のテーマとして認める線をどこに引くのかは難しい。しかし、エントロピーは、要素の配置のランダムさの尺度であることが発見される前に、物理学において確固たる地位を確保していました。それはエンジニアに非常に有益だったからです。そして、当時は、科学の創造はエンジニアの仕事にあると一般に考えられていました（最近は数学が「創造」の源泉となっているようですが）[*10]」

エディントンの二種類の法則

エディントンは物理学、彼の用語での厳密科学、現代風にいえば数理科学の法則には二種類あると強調する。第一種の法則が要素の力学法則であり、第二種の法則とは要素の集合体に関わるエントロピーの法則である。リアルな世界はこれら二種類の法則で初めて捉えられる。熱学での「集合体」は原子の集合体であったが、現地点では、量子多体系として現れる凝縮系物性や弦・ブレーンの集団から創生される相対論的重力など、「要素」は予期せぬものに拡大しており、エントロピーの手法は極めて有効であることが実証されている。

二〇二二年のノーベル物理学賞で顕彰された量子もつれの非局所性の実験的確証でもたらされた「(hのない)量子力学は量子情報の理論である」との認識では、ミクロ世界の新たな第一種法則と思われた量子力学の少なくとも一部は第二種の法則であるとみなされる(第3章参照)。ニュートン力学とともに誕生した厳密科学としての物理学が、産業革命のリアルな世界のエンジニアの創造したエントロピーを「第一種」から演繹する苦闘の挫折と確率への飛躍として、ボルツマンによる「第二種」の発見があった。この熱学での「第二種」登場劇は、量子力学の数理論の完成から半世紀以上にわたる「確率解釈を巡る混迷劇(第4章参照)」と比較されよう。「第一種」か？「第二種」か？　まさに熱学は第6章で見たように量子の前哨戦であったと言える。ボルツマンの飛躍を後押ししたのは一九世紀末世紀転換期のウィーンの脱カントカテゴリー、脱因果律、の精神的風土であったという見方を深める課題が浮かぶ。と同時に、量子力学が「第一種」から「第二種」に〝転落する〟ことに頑強に抵抗した「「恥じらい」の実在論」(第3章参照)と「冷戦期の科学思想」も量子力学「混迷史」を読み解く今後の課題であると思う。

この一世紀半にわたる厳密科学としての物理学の手法をめぐる一連の経緯が示していることは、サイエンスの手法は人間の作り上げてきた人間くさい営みであるということである。人間が自然に対処するために編み出した手法であり、その手法での自然探究が成功して次々と新しい技術が生まれ、さらに新しい自然を発見しそれを利用しているのである。こういう人間像をエディントンは、そしてまたマッハも、言いたかったのだと思う。

認識主体の采配

何か一気に自分の思いの丈を吐露してしまったが、多くの人には脈絡のない迷言に聞こえるかもしれない。かといって、部分部分を丁寧に説明すると、関連が見えないという事態が発生する。多分、科学技術界外の多くの人間にとって一番知識が欠けているのは情報科学のエントロピーなのではないかと思う。[*11] この間をブリッジするために、例えば次のような対比をしてみよう。「環境問題的エントロピー」が醸しだすのは「関心外」「見落とし」といった主体不在の疎外された出来事であり、それに対して情報というのは主体が把握している知識というように「疎外」とは正反対の課題である。ここで気付かされるのは、現象界に主体を持ち込めば、その主体から見て諸現象の差別化が発生することである。[*12] つまり注目する現象と無視する現象に分かれることになるのである。環境問題でのエントロピー増大とは主体が熱中する経済行為が物資やエネルギーの無秩序な排出することで疎外された環境悪化が進むことであった。一方、現代の情報科学での情報の移送（通信）や処理（計算）とは情報をデジタルな物理状態の機械上での推移として主体が意図的に操作する技術であるが、「操作」が展開される自然の物質界では意図しない自然現象の混入を完全に避けることはできない。主体の意図する以外の現象を完全に排除するなどということは現実的には不可能なのである。ここで「現実的」でなく「原理的」に不可能なのかを探求する方向もあろうが、そのことの探求も自然を探ることなのであるから、現実には「現実的」に対処しなければならないのである。主体の導入と並んで、この実践的態度がエントロピーの手法が発信する科学論であるといえる。

主体の導入とは現象界を、コントロールが及ぶものと及ばないもの、注目するものと注目しないもの、などのように主体の意図に応じた管理区分をすることである。その場合、管理外にした部分を非存在として無視はできず、その影響を扱う一般的な数理的手法としてエントロピー概念が存在するのである。「一般的」とは、地球環境とか、原子集団とか、文章とか、メロディーとか、画像とか、様々な対象の性質に由来するというよりは、主体に発する一般的な手法であるということである。

註

＊1　A. Eddington, The Nature of the Physical World, Cambridge University Press, 1929. 筆者訳。

＊2　佐藤『孤独になったアインシュタイン』第一章、岩波書店、二〇〇四年。

*3 槌田敦「熱学のエントロピーとさまざまなエントロピー」『科学』一九八三年六月号。
*4 佐藤「ノーベル物理学賞の「第三の男」」、『京都新聞』「天眼」二〇二二年一月四日。
*5 統計力学では状態和、分配関数と呼ばれる量からエントロピーが計算される。本文の議論ではこれらをエントロピーという言葉で代表させて使っている。
*6 K. Robertson, The demons haunting thermodynamics, Physics Today, November, 2021, p. 44.
*7 杉本大一郎『いまさらエントロピー?』丸善、一九九〇年。『エントロピー入門――地球・情報・社会への適用』中公新書、一九八五年。
*8 佐藤「宇宙のエントロピー」『固体物理』一九八四年六月号。H. Sato "Entropy of the Universe", CP1238, Tours Sympo-VII 2010.
*9 I・プリゴジン+I・スタンジェール『混沌からの秩序』伏見康治・伏見譲・松枝秀明訳、みすず書房、一九八七年。
*10 量子力学に非可換演算子・行列の数学が登場したことを指すと私は推察する。
*11 佐藤『量子力学は世界を記述できるか』第2章、青土社、二〇一一年。
*12 佐藤『佐藤文隆先生の量子論――干渉実験・量子もつれ・解釈問題』講談社ブルーバックス、二〇一七年、第一章。

第8章

「真の」理論と「良い」理論

——概念の「粒度」と個物

「真実から遠いモデルの方がより良い予測結果をもたらしうるというこの結果は一見パラドキシカルに思えるが、しかし冷静に考えるとこれは「モデル」や「自然種」を用いる科学的探求一般に共通して見られる特徴である。というのもおよそ科学とは対象を部分的に理想化し、単純化することでそれを考察するものだからだ（Cartwright 1983）。そもそも対象となる物事を離散的な自然種に区分するという作業からして、個別的対象のもつ固有性を捨象し単純化するということに他ならない。私とあなたでは物理的組成が異なるし、また私の皮膚を構成する細胞一つ一つだってそれぞれ微妙に異なっている。それらをそれぞれ「ヒト」ないし「上皮細胞」という自然種で括って統一的に記述することは、そうした個別性を無視し、詳細を歪めることだ[*1]。「事情は統計的推論における確率種についても同様である。あるデータ生成プロセスをどれくらいのパラメータを持ったモデル／確率種で記述するかという問題は、ある人間をどの程度の粒度で記述するか（生物、動物、哺乳類、ヒト、中年男性……等々）という問題に類比的だ。そしていたずらに細かい自然種が帰納推論の役に立たないように、詳細すぎる確率種では効率的な予測ができない。ＡＩＣはこのことを平均対数尤度の違いとして数値で表し、それぞれの確率種が長期的にどの対象を上手く予測できるかを推定することで、ちょうど良い粒度の確率種を教えてくれるのである」[*1]

赤池情報量基準ＡＩＣ

これは大塚淳『統計学を哲学する』（第4章「モデル選択と深層学習」の2―4「ＡＩＣの哲学的含意」）からの引用である。ここでＡＩＣとは数理統計学の分野で現在広く用いられている赤池情報量基準（Akaike Information Criterion）のことであり、日本の赤池弘次が一九七三年に発表したものである。統計学はもともと統治の技術として発祥した地味な学問であったが、コンピュータとデジタル機器の普及で自動データ取得技術やその数理的処理能力の増大に支えられて、世論調査はじめ、視聴率、景気予測、感染予想、製品品質管理、生物統計、などなど、この半世紀の間に利用が急拡大した。ＩＣＴのように一般の人が手にする消費財ではないので、気づきにくいかたちではあるが、その社会的存在感は巨大なものになっている。[*2] さらに近年では ChatGPT のような人間の脳の機能を模したニューロコンピュータによる深層学習の人工知能ＡＩの能力が、人間を凌ぐかも知れないと実感させている。さらにデータサイエンスという手法は物理学から生物学に及ぶ基礎と応用の科学研究現場で急速に広がりつつあり、研究者のエートスを変容させつつあるともいえる。ここで深層学習とは「データからの予測」の多層化のことであり、この「データからの予測」の場面に登場する「モデル／確率種」の設定でＡＩＣが標準的な技法として作動しているのである。

ＡＩＣとの出会い

私は、二〇〇六年、このＡＩＣなるものに異例なかたちで関わったことがある。この年の稲盛財団の京都賞が赤池弘次に授与されたのであるが、その審査委員会の委員長を務めていたのである。京セラの創業者稲盛和夫が創始した稲盛財団は、一九八五年以来、その主要な事業として基礎科学、先端技術、文化芸術の三つの部門の京都賞授与の事業を始めた。基礎科学部門は、ノーベル賞との重複を避ける方針で、「数理」、「宇宙・地球」、「生態」、「生物」の四つの分野で順繰りに公募し選考されてきた。私は「宇宙・地球」の専門家として、また京都の財団であるということもあって、当初からこの選考過程に関与する機会があった。選考には部門毎に専門委員会、審査委員会が毎回新たに構成され、そこで絞られた複数の候補の中から京都賞委員会が受賞者を決めるという「三審制」の念のいった選考をしていた。八〇歳の定年制で手を引くまで、足掛け三〇年余り、「宇宙・地球」では毎回選考に関わったが、「数理」にも数回関わったことがあり、その一つが二〇〇六年の審査委員会であったのである。

伊藤清の確率微分方程式

ノーベル賞がない数学では「フィールズ賞」が有名であるが、受賞要件として四〇歳以下という制限があるので、重要な業績の顕彰を取りこぼしているという指摘がある。そこを補完する視点でアーベル賞などの大きな数学の賞も新しく生まれており、京都賞の「数理」にはその側面もあるが、それ以上に部門名を数学ではなく「数理科学（純粋数学を含む）」として、純粋数学だけでなく、数学の広範な活躍に焦点を当てる目的もあったようである。[*3] この部門の第一回で情報科学の創始者ともいえるクロード・シャノンを選んでいることにもその意気込みが感じられた。

日本人では一九九八年の確率微分方程式の伊藤清に続いての赤池弘次の受賞であった。ここで気づくのが二人の業績ともに数学の中では近い確率、統計という分野であることである。また、世間では、数学は浮世離れした学問と思われているが、二人とも初期の研究は実際的な業務の経験から出発して、数学の分野で大きな業績を挙げていることである。伊藤は大蔵省統計局の職員から出発しているし、赤池も統計数理研究所の課題である工場や発電所などでの自動制御の課題に取り組むことから始まっている。

伊藤は京都賞の後の二〇〇六年には第一回のガウス賞[*3]を受賞している。この賞は数学によって現代社会へ大きな影響を与えたという選考基準があり、伊藤の場合は金融株式市場のコンピュータが皆伊藤の確率微分方程式で動いているという現実を反映したものと言われていた。伊藤は、戦後、海外で研究した後に京大に在籍していたので懇意にしており、京都賞の授賞式でも祝辞を申し上げる機会があったが、本人は「なんでこんなに広く使われているのか自分にもわからないんだ」という趣旨のことを言っておられた。

量子力学は情報理論

本書では量子力学に登場する確率がアインシュタインをはじめ多くの物理学者を悩ませてきた歴史や背景を論じている。EPRで提起された謎が実験による解明を経て、二一世紀に入った頃からは、量子的「情報の理論」として深化を深めている。「情報の理論」とは、量子力学の数理理論に登場する状態ベクトルや波動関数といった数学的量は実在の表現ではなく、実在についての「情報の理論」であることが鮮明になったという意味である。観測は「認識」であって物理過程ではないのであり、「重なった状態」は可能性というモードの議論であって、それはすでにエントロピーをめぐる統計力学の論争において、二〇世紀の「世紀転換期」において、実在と可能世界をめぐる前哨戦が戦わされていたのである（第6章及び第7章参照）。量子情報理論には「量子もつれ」などの特異な面もあり、従来の確率や統計と同一ではないが、存在論的には同種のものであると言える。従来の統計学における確率理論の新しい展開として量子力学を位置付ける見方も生まれるわけである。量子力学をベイズ統計理論と位置付けるQBismの議論も提起されているのはこうした一面である。[*4]

統計数理研究所のWebサイト

量子力学を追って確率論、統計学に行きつき、その哲学的含意を論じている大塚の書に接して、私は久しぶりにＡＩＣに出会ったのである。赤池氏のその後を知ろうと統計数理研究所のWebサイトをのぞいてみた。統数研は一九四四年に設立され二〇一九年には創立七五周年を迎えた老舗の研究所である。「統計数理は、実世界の現象を理解および制御するために、不確実かつ不完全なデータから本質的な情報を抽出し、知識獲得や予測、そして意思決定を行うための方法を対象とする学問」であり、「ビッグデータがあふれる現代社会における統計数理の重要性はますます高まっています」とある。そして第八代所長の故赤池氏のＡＩＣに触れ、「評価されるまでに長い時間がかかり、一度評価されると長期間利用され続けるという特徴があります」と記載されている。さらに「研究活動」の中に赤池氏を紹介するコーナーがあり、そこに京都賞授賞式の時の写真が掲載されていたが、受賞者の左後ろに私が映っているのを認め、懐かしく思った。この場面の前に審査委員長として贈賞理由をのべたのである。

二〇〇〇年の前後、私の専門分野である膨張宇宙モデルのパラメータを決める、いくつかの異なる大型の宇宙観測の結果が次々と発表された。そしてその集約として、最近の解説書によく書かれているように、「宇宙の組成は原子物質はたった4パーセント、残りはダークマター23パーセント、ダークエネルギー73パーセント」という〝意外な結果〟が定説になったのである。この頃の観測の論文を見ると尤度（likelihood）解析などという統計学の用語で溢れていて、データ解析の手法が変わっていることに気づかされた。それまで統計学に出会うのは「信頼度何シグマ」という保証書みたいなものだったが、半導体機器が吐き出す膨大なデータから観測値を引き出す最尤法（最大尤度法）のなかにすでに確率的存在論が取り入れられているのである。

観測や測定という場面でのデータサイエンスという新手法が広がっていることは感じていながらも、勉強する機会もなく時は過ぎたが、二〇〇六年の京都賞の審査に関係するようになって俄かに勉強する機会を得た。「シリーズ　予測と発見の科学」の第二巻『情報量基準』[*5]という教科書で要領よく勉強できた。

データによるモデリング

近代科学は経験主義の系譜にあり、現象のデータから法則が発見され、その法則で現象を再現する技術が発展したという牧歌的な構図は、科学が高度化するにつれて、科学哲学の多くの批判に晒されて背景化していたが、データサイエンスはお里帰りと言える。具体的には目的変数yの変動に関与するいくつかの説明変数xが存在して、それらの間に存在する$y = u(x)$という関数関係をデータから見出すことが目的である。歴史的には、基礎科学とされる物理学や化学では、実験と原理から理論的に演繹された$y = u(x)$という関数関係を実験データで検証するという手法が取られた。そしてその信頼度をチェックする「分散」を算出する手段として統計学が登場するに過ぎなかった。これが仮設検定の統計学であり、研究の主役ではない、背後に控える補助役の立ち位置にあった。そして、次の段階では$y = u(x, \alpha)$の関数形は決まっているがそこに含まれるパラメータαを、分散を小さくする基準で、求めることに使われた。しかしここでも常に、確定した関数形と確定したパラメータからなる真の法則$y = u(x, \alpha)$の存在が前提にされている確定的存在論に立脚していた。

しかしながら現実の測定では様々な理由でノイズが混入する。これを小さくするのが実験技術の進歩を意味していた。しかし、この手法が適用可能なのは、現実界での複雑な現象でなく、人工的に環境を制限した実験室の現象に限られていた。そこではデータは念のための仮設（理論）の検定という信頼度の保証書づくりの消極的利用にとどまっていた。

これに対して、データサイエンスでは、より経験主義を徹底し、データを法則自体の発見に使おうというものである。「実験室的」でない複雑なナマの現象を相手にする場合はデータから直接に法則（この場合はモデルという言葉が使われる）を引き出す統計的モデリングの方法が近年登場しているのである。目的は利用できる有限のデータを用いて、現象を再現するモデルを求めることである。具体的には目的変数yの値に関与する説明変数xの間に存在する$y = u(x, \alpha) + \varepsilon(\sigma)$という関数関係を見出すことである。ここでεは確率種で決まるランダムな揺らぎ（εの平均ゼロ）の効果を表す。確率種はパラメータを含む既知の関数で与えられる（正規分布の場合のパラメータは分散σ）。「真の実在」はともかくデータは確率的存在であることは明白だから、確率的関係に移行しているのである（この辺りが量子力学論議に大きく関係する）。

データからのモデリングとは

データサイエンスの手法が仮設検定と違うのは、関数形や変数も含め、関数関係uが予め設定されていないことである。数理統計学ではN個のデータから関数$y = u(x, \alpha) + \varepsilon(\sigma)$を決めることである。その手法ではデータから計算される尤度を最大にする基準でこのuと確率種のパラ

メータを決めることになる。例えば確率が正規分布であれば、確率種は $p(y, x|\alpha, \sigma) = 1/[(2\pi)1/2\sigma]\exp[-(y-u(x, \alpha))^2/2\sigma^2]$ である。

以下、データ y, x をまとめてXと書き、その他の変数 α、σ を θ と書く。そして θ という条件のもとでのXである条件付き確率を $p(X|\theta)$ と表す。データによるモデリングとは、データN個のデータ $X_i (i=1 \ldots N)$ から θ を推測することである。X_i という条件のもとでの θ の推定値の確率分布 $p(\theta|X_i)$ がデータから与えられる。多くの独立なN個のデータセットの出現確率はそれらの積 $[p(\theta|X_1)p(\theta|X_2)p(\theta|X_3)\ldots p(\theta|X_N)]$ に比例する。[*6] そしてこの積（尤度はこれに比例）を最大にする θ を選ぶのが最大尤度法である。こうして決まった θ でもって、モデルの確率分布 $p(X|\theta)$ を推定するのである。$p(\theta|X)$ から $p(X|\theta)$ に転移させるのがベイズ統計の肝である。

最適化とは？

この過程を実際に行うには幾つかのパラメータを含む関数形 $u(x, \alpha)$ を仮定した上での数値的処理になる。[*7] そして推定された $p(X|\theta)$ の正確度を高めるにはパラメータの数を増やせばよい。ここで正確度とは真なる分布との差が小さいことであり、その差の尺度として、エントロピーの差に類似した、カルバック・ライブラー（Kullback-Leibler）情報量が用いられる。この「差が小さい」という条件は次のように定義されたＡＩＣが小さいことであることを赤池が数学的に証明し

たのである。[*8]

AIC＝－2（最大対数尤度）＋2（モデルの自由パラメータ数）。

ここで最大対数尤度とは最尤法で決めたθを用いたデータの尤度の対数である。第一項にはマイナスがついているから最大対数尤度が大きいことはモデルを「良くする」のに寄与する。それに対し、第二項はパラメータの数ｐを増やすことはモデルを「悪くする」のに寄与する。ｐを増やすことで第一項を減少させることができるが、その反作用で第二項はバイアスとして働く。だから「増やせば、必ずよくなる」ではないことをＡＩＣは教えている。「ｐを増加させる」とは、例えば、分類をより詳細に行うことに相当する。「詳細に行う」はより真実に迫るように思われるが、ＡＩＣの基準でいうと、データからのモデリングの手法では必ずしも「良いモデル」ではないということである。

「真の」と「よい」

ここで冒頭の引用文にある「どの程度の粒度で記述するか」は目的に応じて変わるという文脈でＡＩＣが登場することが少し明らかになったと期待する。私も次のような文章を書いている。[*9]「最近、ベイズ統計学とか赤池情報クライテリアとかいうのを勉強していて出会った言葉に「真の」と「よい」という対比がある。統計データからのモデリングの理論に関したものだが、これを科学で要求される理論のタイプは「真の理論」か「よい理論」という問いかけに拡大してみると面白い。「真の理論」には既に書かれている法則を読み解くという発想である。それに対して「よい理論」というのは上手に、すなわち人間の言語も含む認識機能に合った様に上手に秩序性を取り上げるという意味になる。

現在の科学が西洋で発達して、その後に全世界に広がった理由はどこにあるかは多く論じられているが其の一つに普遍的一神教へと発展したキリスト教の存在が指摘される。確かに永く中華文化圏を支配した文人の価値観には超越的存在に凝らない儒学の精神があった。論語にある知者のあるべき姿は「務民之義、敬鬼神而遠之」であるとされる。「まず人間として当然の努力をするのがよい。鬼神は敬するが、頼るのは良くない」という意味である。鬼神は敬うけども頼るのは良くない。この鬼神というは超越的存在で、老荘や仏教と異なって鬼神を遠ざけるのが儒学である。その一方、自然科学は往々にして正体不明の鬼神を抱えて動機的実在論としている。しかし鬼神はあくまで人間文化界の鬼である」

真理とは？

冒頭の引用文の後に大塚は次のように科学哲学の流れに関係させている。

「この議論の背後に控えるのは、科学とは、そして統計学とはそもそも何か、何を目指しているのか、というより深い問いである。常識的な見方では、科学の目的とは対象を忠実に写し取ることで、世界の真の姿を明らかにすることだとされる。その科学観に従えば、諸科学の基本概念である自然種は、現実世界の構成要素を捉えたものでなければならない。つまり科学の存在論は、実際の世界のあり方をできるだけ詳細に模写したものでなければならない[*1]

「科学の本来の目的とは、世界がどのようであるかのかということより、どのようになるのかを教えること、つまり様々な予測を成功させることだと考えることもできる（van Fraassen 1980）。まさにフランシス・ベーコンが述べたように、「知は力なり」ということだ」「これはプラグマティズムに通ずる考え方である（Sober 2008）。プラグマティズムの始祖の一人であるウィリアム・ジェイムスは、我々が持つ観念と外的世界の一致という伝統的真理観を捨て、真理とは役立つ観念に他ならないという、新しい真理観を提示した（James 1907）。これに従えば「何々のものが存在する」という主張が真であると認められるのは、そのような信念が一定の目的、現在の文脈では予測という目的に資するときである。つまり存在するから認識に役立つのではなく、むしろ帰納推理に役立つものが、自然種／確率種としての存在を認められる。このようにプラグマティズム的な科学存在論は、存在と認識の関係性を逆転させるのである[*1–*10]」。

プラグマティズムとマッハ

私もこの議論は自然にプラグマティズムに導かれると考える。「ソクラテスは死ぬ」という個物（ソクラテス）に関わる外界の事実は自明だが（これを疑う立場もあるがここでは疑わない）、言語、概念、論理といった営みでは「ソクラテスは死ぬ」＝「ソクラテスは人間である」＋「人間は死ぬ」と分解することで、個別事実記述を「人間は死ぬ」という学問記述（言語、概念、論理……）に変えるのである。ここで「人間」という抽象的な概念が便利な道具として定着し、これら道具群に関わるのが「第三世界」であり学問記述もその一環である。

ソクラテスを持ち出さずともリンゴでも同じ個物は二つとない。ところが五感的でないミクロの電子となると、「ヒゲを生やした電子」[*11]などという考えは急に消え去り、概念としての電子と個物の全電子は同一視され、「個物の世界」と「第三世界」は縮退している不思議さが量子力学とどう関係しているのかという問題点が浮上してくる。「概念＝個物」の元祖が神なら、ミクロの存在は神になったと言える。ところが、マッハは物理学の概念は便利な間主観的認識者製の道具に過ぎないと喝破していたから、ミクロ世界の探求で神に出会った高揚感を抱いていた物理学者のあいだではマッハは興醒めものだったのである。

「計算機システムの急速な発展と利用環境の飛躍的な向上は、データの収集・蓄積・分析の過程を格段に効率化・高度化させたばかりでなく、計測・測定技術の進展とも相俟って、諸科学のあらゆる分野で日々多様なデータの蓄積を促進しつつある」[*5]。これは数理統計学が近年メジャーになった背景にはデータ取得と数値処理の両面でコンピュータ、デジタル技術、半導体技術などの飛躍的な普及があることを指摘したものである。技術が進歩しただけでなく、文系理系を問わず、シンボルを操る平均的「文房具」として普及した。シンボルを操る専門家はいつも最新の技術の製品を追いかけ、使いこなしてきたのである。コロナ禍でリモート「可」のシンボル業と「不可」のエッセンシャル・ワーカーのコントラストが浮上したが、シンボル業の一種である学問という職業人のエートスが機器で変容していく予兆を感じさせるものがある。

註

＊1　大塚淳『統計学を哲学する』名古屋大学出版会、二〇二〇年。文中の引用文献：N. Cartwright, How the Laws of physics Lie, Oxford University Press, 1983

＊2　竹内啓『歴史と統計学——人・時代・思想』日本経済新聞出版社、二〇一八年。

＊3　四年に一度開かれる国際数学連合（ＩＭＵ）の総会において授与される賞にはフィールズ賞、Abacus（そろ

ばん）Medal、ガウス賞、それと二〇一一年から始まったチャーン（陳省身）賞がある。

＊4　QBism の命名は Quantum と Bayes の合成だが、「キュビズム」と読ませて美術の Cubism（立体主義）とかけている。ハンス・クリスチャン・フォン・バイヤー『QBism——量子×ベイズ　量子情報時代の新解釈』松浦俊輔訳、木村元解説、森北出版、二〇一八年。

＊5　小西貞則・北川源四郎『情報量基準』朝倉書店、二〇〇四年。

＊6　N個のデータに対してベイズ統計理論によってN回 $p(\theta|X)$ から $p(X|\theta)$ への変換を行えばこの「積」が登場する。

＊7　変数の適用変域を小さくして「関数形」は一次関数をとり、変域ごとのモデル群の集合として全体のモデリングを行う場合もある。こうなるとモデル全体のuは一つの関数で書かれるとは限らない。

＊8　註＊5の第6章「ベイズ型情報基準」。

＊9　佐藤文隆『アインシュタインの反逆と量子コンピュータ』第一〇章「「科学」という制度をマッハから問う」京都大学学術出版会、二〇〇九年。

＊10　引用文にある参考文献：E. Sober, Evidence and Evolution, Cambridge University Press, 2008（松王政浩訳『科学と証拠　統計の哲学入門』名古屋大学出版会、二〇一二年）。B. C. van Fraassen, The Scientific Image, Oxford University Press, 1980（丹治信春訳『科学的世界像』紀伊國屋書店、一九八六年）。W. James, Pragmatism, 1907（桝田啓三郎訳『プラグマティズム』、岩波文庫、一九五七年）。

＊11　佐藤文隆『科学と幸福』第3章「ヒゲを生やした電子——ダーウィンの衝撃」、岩波現代文庫、二〇〇〇年。

第9章

量子力学が哲学だった時代

——西田父子と湯川秀樹

西田幾多郎講演「歴史的身体」

「これまでの一般の考え方は世界の根柢をあるいは精神と考えあるいは物質と考えて来た。普通の人々は世界の根柢は物質であると考える。それにはもっともな理由がある。誰が考えても我々が生れる前に世界がある。人間の前に動物の世界があり、動物の世界の前に物質の世界がある。歴史的世界は物質の世界から段々発展して来たと言うのは今日の科学から考えて極めてもっともな考えである。しかしこの頃物理学がまた進んで来て、量子力学というものが出て来た。先頃四、五月頃であったか日本へ来たデンマークのボーアという人などはこの量子力学の首脳のようになっている人である。今の物理学は昔の物理学のように外界を認めない。主観的な我々の精神というものを考えれば、それに対して外界というものは精神と関係の無いいわゆる外界となる。今日までの物理学の考えに依ると、人間がいてもいなくても、つまり主観が有っても無くても客観は在るのである。光なら光というものがエーテルの振動であると昔は言った。物理学者がそういう実験をしてもしなくてもエーテルの振動というものはちゃんと在る。つまり観測者（observer）

が物を実験するとか観察するとかいうことの有る無しに拘らず、物理学の法則に支配される物質の世界は在る、とニュートン頃までの物理学は考えたのである。それを今では、量子力学に対して古典的物理学と言っている。今日の物理学者からは古典的物理学は捨てられたようなものになっている」[*1]

量子力学とボーアの来日

この引用文は西田幾多郎が一九三七年夏頃に行った「歴史的身体」と題する講演記録の一節である。一九二五年版量子力学の登場によって「今の物理学は昔の物理学のように外界を認めない」ようになり、従来の「古典的物理学は捨てられたようなものになっている」との最新物理学の動向を引き合いに出して、「歴史的身体」という自説の展開の前振りとしているのである。そしてこういう物理学での新思考の「首脳」ともいえるニールス・ボーアがこの年の四、五月に来日していたという最新情報にも触れて、最新物理学の論議と自分の哲学論議が親和的であることを印象付けているのである。確かに仁科芳雄の招待に応じてボーアが来日した日々から三ヶ月後ぐらいの時期であり、最新物理学の「首脳」が日本に来ていたと伝えることで聴衆に親近感を感じさせる講演者の絶妙な気遣いにも感服させられる。

「働きかけなければ働いて来ない」

西田の講演はこの後に量子力学登場で起こった新思考の内容についても軽く触れている。「一寸横道にはいるが、それはどういうことであるかと言うと、此処に物が在る、この物を観測するのにはこの物に何か変化を与えなくては観測できない。此方から働きかけなくてはそれが働いて来ない。此方から働きかけなければ働いて来ないからその物がどんな物であるかわからない。この物（水入れ）が硬いか軟いかは働いてみなくてはわからない。観測するにはこの物に何か衝動を与え動かさなくてはならない。その動いたところからその物を知るのである」[*1]。ここは一九二七年のハイゼンベルクの「ガンマ線顕微鏡」による不確定性関係の直感的説明で得た知識と推測される。観測という「働きかけ」の擾乱によって観測しようとしていた「外界」は消えてしまうというハイゼンベルクの思考実験は大変説得性があり、量子力学の不可知論的なイメージを広めたものである。しかしこれは不確定性関係の十全な説明としては正しくなく、現在では観測の擾乱による効果を入れた小澤の不確定性関係は別に得られている。[*2] それは細かいことで、西田にとって大事なのは「これまでの物理学というものは、我々が観測しなくてもその物は在ったのだと言っている。天体の観測をやるのに此方で観測したことに依って天体が大きくなったり小さくなったりするようなことは無い。星は星として在って、観測したら大きくなるとか小さくなるとかいうことはない。観測に依って星そのものが変るということはなく一定の運行を続けていると考えていた。しかし今日では物理学が進んできて量子力学などのように精密になって[*1]きたとして、「働きかけなければ働いて来ない」身体論に繋げようというわけである。

ボーア・アインシュタイン論争の核心

この物理学で従来の「外界」がなくなったという「ボーアの論点」こそアインシュタインが難色を示したいわゆる「ボーア・アインシュタイン論争」の核心であり、西田はこの物理学の大転換を正確にとらえている。この「論点」を核にした一九二五年版量子力学数理の物理的解釈のセットが「コペンハーゲン解釈」である。ただ本書で「hのない量子力学」とか「二つの量子力学」とかいって説明してきたように、量子力学数理は量子h（作用の離散性）と確率解釈の二つの異質な構成部分から成り立っており、確率解釈の数理部分は、「外界」の理論というよりは、「外界」に関する主体が持つ情報の理論であるという共通了解が今世紀に入ってやっと強まったといえる（第3章及び第4章参照）。より慎重を期していうと、一般的に「外界を認めない」というよりは、量子力学の確率に関わる数理理論は観測を抜きにした「外界」を前提にしていないという意味である。より強くいえば「確定した外界の存在」はこの数理理論と両立しないともいえる。

そのうえでも、「物理学は外界を認めない」とか「自然科学は外界を認めない」とか、「外界」の不在を無限定に一般化することには慎重であるべきだが、そうは言っても、我々が現在手にしている物理理論が観測抜きの外界を認めないということは明らかである。この理論は少なくとも「外界」の存在を自明のものとしていた古典物理学の見方を否定している。こういう持ってまわった言い方になるのは、物理学の展開は量子力学で終結ではないという見方を完全に排除はできないからである。歴史的には「ボーア・アインシュタイン論争」もその将来展望の食い違いの面もあり、アインシュタインも当初は一九二五年版量子力学を完成途上にある中間段階の理論だと主張したのであって、これが誤りだと言ったわけではない。現在でも「恥じらい」の実在論者（第3章参照）である多くの物理学者もこの「論点」については心情的にはボーアを受け入れ難くアインシュタインに与する人が多いともいえる。そのために玄人には驚くほど緻密な整合性をもつ理論であるが、素人からの知的質問に対する対応は一〇〇年間あいも変わらず混乱の極みの「量子力学の不思議」が放置されたままなのである。

哲学者の腰軽さと物理学者の抵抗

冒頭の西田の引用に戻ると、彼は当時の最新物理学におけるボーアの主張を自分の哲学的主張と親和性があると察して、何の抵抗もなく哲学上自説を補強する考えとして受容しており、さらにボーアは物理学の「首脳」であるから、最新の物理学界全体が「外界の存在を認めない」ようになったとあっさり述べているのである。当時のボーアとアインシュタインの対立点を的確に捉え、またこれが物理学の一大転換だという認識も的を射たものである。さらに当時から八五年ほど経った現時点で見るならば、物理学界の大勢が西田がいうようになっていることも事実である。しかし、こういう共通了解は前記のように二一世紀に入ってやっと強まったといえる。カリカチュア的に言うと、西田にはあっさり飲み込めたことが、物理学者の大勢は飲み込むのに抵抗に抵抗を重ね、種々の実験結果に強制されてやっと二〇世紀末に飲み込んだということである（第1章参照）。今回、西田のこの引用を持ってきたのは、西田哲学との親和性に興味があるというよりは、「外界を認めない」かどうかの哲学問答に対峙した時の哲学者の腰軽さと物理学者の頑迷な抵抗との対比に興味を持ったからである。

先に、第4章で、やはりボーアのこの言説に触れて、カール・ポパーの嘆きを載せた。「マッハの実証主義の哲学的影響は若きアインシュタインによって大いに広まった。だが、アインシュタインはマッハの実証主義を放棄した。その理由の一部は、マッハ実証主義の帰結のいくつかを愕然として悟ったからである（ボーア、パウリ、ハイゼンベルクを含む次の世代のすぐれた物理学者たちは、その諸帰結に気づいたばかりでなく、これを喜んで受けいれた。彼らは主観主義者になった）。しかし、アインシュタインの撤回は遅すぎた。物理学は主観主義哲学の拠点となり、それ以来ずっとそうであり続けた[*3]」。これは一九五〇年代の文章であり、その当時の物理学界が主観主義哲学の巣窟に「成り下がった」と嘆いているのである。しかし、この時代の物理学の研究現場に身をおいていた者の認識として、ポパーのこの認識は全く当たっていないということ、またその原因を大戦を挟む研究者の気風の変化に求める論を先に展開している（第4章参照）。

二〇世紀後半の物理学をリードしたワインバーグが晩年に書いた量子力学の教科書で、コペンハーゲン解釈への不満を次のように表明している。「自然法則は人間の経験を秩序付け探究するための方法の組にすぎないと見なすボーアのような（道具主義の）物理学者にとっては問題ではないかも知れない。確かにそうだが、自然法則は何かそれ以上のもので、ある意味で客観的事実として「そこにある」のであり、（言語は別として）それを学ぶ人にとっては同じ法則であり、また学ぶ人がいるかいないかにも無関係におなじであるという希望を放棄するのは悲しいことではあるまいか」[*4]。論理的にはそうだとしても、二〇世紀後半の多くの物理学者はそう腰軽に改宗できない「恥じらい」の実在論者なのである。

対抗する哲学の不在

ここに量子力学によってもたらされた認識論や存在論の哲学的位置付けと、この量子力学を駆使して物質界の解明と制御の技術を開発してきた多くの物理学者の心情的世界観のあいだに、共通了解を構築する対話が放置されてきた現実に気付かされるのである。「放置される」のは物理学や科学の研究界の圧倒的な知的パワー及び社会的パワーに対抗できる哲学的考察の集団が不在だからである、あるいは弱体であることであろう。また科学界の方からはその必要性を全く感じないし、世紀末の「サイエンス・ウォー」のように、文系的な外部からの関心を敵視する一部勢力も存在するということである（第12章参照）。

このような知的世界の光景に慣れてしまって久しい現時点からすると、一九二七年ごろにボーアが物理学の従来の考えの困難を「思想で乗り切った量子力学誕生劇」は遥か昔のセピア調の光景に映る。そしてまた、この一件は学問、思想、文化、教育といった知的世界に起こった激変を印象付けるものである。日本でもその時代、西田の新刊哲学書発売日に若者は徹夜で書店に並んだというが、現在では、それが新型 iPhone 発売日の行列に変容した現実を想起させる。

仁科芳雄のボーア評

ここで一旦このセピア調の時代に戻ってみる。ボーアを日本に招待した理化学研究所の仁科芳雄は量子力学形成期の前後八年間も欧州に滞在し、うち六年間はコペンハーゲンのボーアの研究所ですごした。ボーア招聘の意義を国内の各方面に事前に訴えた仁科の文章がある。「今日の純物理學界に於て、最も重きをなす世界人は Niels Bohr である。Planck 老い Einstein 衰へた今日、其右に出づるものは見當たらない。勿論各國共その國内に於ては色々の意味に於て權威者はある。又各專門に於てそれぞれの第一人者は存在する。然しこれ等の人々を一堂に集めた時、名實共に備はつた碩學を選んだとすれば、Bohr はその首位に推される人である。それは今日迄の Bohr の業績が、自然科學の最も深い基礎を左右する大飛躍であつたからである。從つて多くの科學は何等かの形でそのお蔭を蒙つて居る。否科學のみならず吾人の思想、觀念にも重大な影響を及ぼさうとして居るのである。その結果でもあり又本來の性格でもあるが、Bohr の關心は科學、哲學等の廣汎な範圍に亙つて居る」[*5]。「Planck 老い Einstein 衰へた今日」という一節は一九二五版量子力学後の物理学界の激動を強く印象づける。

さらに量子力学が「科學のみならず吾人の思想、觀念にも重大な影響を及ぼさうとして居る」と強調し、「Bohr の關心は科學、哲學等の廣汎な範圍に亙つて居る」と、まさに西田やポパーが注目するポイントを指摘している。仁科は帰国後は宇宙線の観測やサイクロトロン建設に勢力的に取り組むなど、極めて実際的な人物であって「哲学的」という形容詞とは縁遠いとみなされているが、ボーアの偉さを強調するのに哲学や思想に言及している点は欧州での状況を伝えようとしたものであろう。

哲学・思想にもボーアの業績とは

もともとボーアの物理学上の業績はスペクトル線の構造を説明する原子モデルの提唱であり、これは一九一三年頃のもので一九二二年度のノーベル物理学賞を受賞している。また一九二五年版量子力学の数理理論の構築はハイゼンベルク、シュレーディンガー、ディラック、ボルン、ジョルダン等によるもので、異なったイメージで生み出された数理の物理的解釈を紡ぎあげたのがボーアなのであり、そのため「コペンハーゲン解釈」と呼ばれるのである。仁科の文章での「思想、觀念にも重大な影響」とは、ノーベル賞で検証された原子モデルではない。しかし前述のワインバーグのようにこれは一つの「解釈」に過ぎないという見方は今でも消えないが、この「解釈」に勝る首尾一貫した「解釈」はなく、「標準」と言われると不承不承これを指定する以外ないのである。

ボーアによる物理学界の「教育的指導」

来日中の京都滞在時、仁科は湯川を都ホテルに呼んでボーアに中間子論の説明をさせたが、ボーアは単なる仮説だとそっけない反応だったという。ところがその年の秋には湯川が予言した質量の素粒子が大気宇宙線中に発見され、ユカワの名は一躍世界に広まった。量子力学誕生劇が終わったこの時期、新理論をツールとして新たな物質界の探検が始まり、中間子論もその一つであった。ただ、従来の物理学の実在観との巨大なギャップを前にしたアインシュタインとボーア両巨頭の意見対立は多くの研究者を当惑させた。俊英たちがこの「対立」にこそ物理学の第一義的課題があるという思考に嵌まり込むことを憂慮して、「ここにはもう問題ないから、新世界の探検に出かけよ」というボーアによる教育的指導の意味が「コペンハーゲン解釈」にあったという見方を私はしている。中間子論へのアドバイスでは外したが、湯川はまさにボーアの「指導」に忠実に従って、「対立」の哲学的詮索に拘泥することなく、新天地の探検に出たのであった。

湯川旧居が京大へ

ここからは「量子力学の新展開に西田哲学が関係あるの?」といった憶測を生まないために、冒頭の量子力学に触れた西田の引用文に〝いまどき〟出会った個人的な事情を述べておく。発端は湯川秀樹である。湯川が没したのは一九八一年で随分と昔のことであるが、近年、ご子息が亡くなられたのを機に、湯川の終の住処であった京都下鴨の旧宅を遺族が手放すことになり、京都大学の所有に移管されることになった。私も「湯川秀樹旧宅の保存と活用を願う市民の会」などを通して京都大学に働きかけた経緯もあったが、京都大学の湊長博総長が懇意の安藤忠雄に相談し、長谷工コーポレーションが購入・改築をして京都大学に寄付することになったのである。建物の老朽化もあり、旧宅の趣は残すがいったん解体することになり、残る資料の運び出しを関係者として私も一部手伝いをした。この資料は、今後、整理されるという。改築の完成は早くても二〇二四年春以降と聞いており、それまでに大学が用途を決めるようであるが、「市民の会」としても湯川の足跡を広く市民と共有する活動をしたいと考えている。実は湯川史料の収集は逝去前から始まっており大阪大学時代の中間子論文作成の史料が京大物理教室の片隅にあった廃棄寸前の書棚から発見されたこともあった。その時、基礎物理学研究所の所長として湯川記念館史料室を発足させ、逝去の際にも研究所の居室にあるもの一式と自宅にあったものの一部を遺族から寄贈いただき整理が続けられている。[*6] 未整理の史料の中には当時の文化人との交流の書簡やスミ夫人と一緒に取り組んだ核兵器廃絶の平和運動関係のものが含まれており、湯川の多面的な活動を描き出す新たな史料と期待されている。

小川秀樹の「哲学概論」受講ノート発見

実は解体前の資料運び出しの過程で湯川の大学学部学生時代の講義受講ノートが一〇冊あまり発見された。結婚前の「小川秀樹」の記名がある。その一冊に西田幾多郎の「哲学概論」を聴講したノートが含まれていた。このノートを西田の全集や書簡集などの編纂にも携わっておられる藤田正勝氏にざっと見て頂いたが、これは西田が毎年後半の学期に法経の大講義室で行っていた講義の最終期のものとわかった。一般学生向けの「哲学概論」は西田の定年退職のために一九二七年後期の授業が最終なのであるが、この時、秀樹は大学二年生である。ノートの記述からは秀樹が講義の流れを正しく理解していたことがわかる。『西田幾多郎全集』にもこの講義を文章化したものが載っているが、それは受講者のノートをいくつか参考にして高坂正顕が作文したものという。全集版の文章では西田がドイツ語で言った言葉の多くが日本語化されており、またノート数カ所には図がある。

湯川自伝『旅人』にある西田の記述

湯川は大学卒業後に京大の理論物理の研究室に入るが、そこに、量子力学の勉強をしている先輩として西田外彦（一九〇一―一九五九）がいた。[*7][*8]湯川の自伝によると「西田外彦氏というのは、西田幾多郎先生の長男である。私は以前から先生のファンであった。先生のような大哲学者がおられる京大に籍をおきながら、講義を聞かないのは愚劣だと思った。大学三年の時であったか、あるいは卒業した年であったかよく覚えてないが、西田先生の「哲学概論」の講義を毎週かかさず聞きに行ったことがある。当時、若い人たちの間の先生の人気は、大変なものであった。三高生で先生の講義をききにくるものもあった。法学部の大きな教室はいつも満員に近かったように思う。先生の講義は、一回ずつ、読み切り講談のように一応まとまっていた。毎回、部厚い書物を五、六冊かかえて教壇に上られる。書物はそのまま机の上に積み上げられている。先生はそれにお構いなく、教壇の端から端まで行きつもどりつしながら、講義をつづけてゆかれる」「西田先生は極度の近眼であった。教壇を行きつもどりつされる先生の眼鏡が、時々、きらきらと光る。きまった内容を学生に教えている人というよりも、考えながらひとりごとをいっている人という感じであった。時々、立ちどまって机の上の分厚い本の一冊を開けられる。それはだれか有名な哲学者の著書であった。次の瞬間、先生の口からは、著者に対する痛烈な批評の言葉がはき出される」[*9]。この光景を暗示するようにノートの文章が途切れて"Hilbert : Grundlage der Geometrie"などと突然書名が登場する箇所がある。

自伝にはまた湯川は文化勲章を受章する著名人になってから二回ほど西田を訪問したことや、頂いた書の扁額が自宅に掛けてあるとの記述もあるが、確かに「歩々清風」という西田の書が鴨居に飾られてあった。

息子外彦から父幾多郎への物理学情報

幾多郎の次男外彦は、長男謙が三高生時に急死したので、一人息子となった。以前、外彦が甲南学園に勤務していた一九三五年頃の実験の論文のコピーを受け取った幾多郎の返信書簡を紹介したが[*10]、その後は兵役が一九三七年九月―四〇年一二月と一九四一年七月―四二年一一月と、二度も続いた。一九二四年に結婚した外彦は、京都の飛鳥井町の家を出て、一九二九年四月、甲南学園に近い阪神住吉に移り住んだが、その後も父に物理学の情報を送っていた。

「飛鳥井町の家に来てから段々外国に留学に行かれる方も増し、其の方々に御願いして本を集める楽しみをしていた。珍しい本が手に入ると喜んで私たちにも見せていた。ボルツァーノの自伝など其の一つであった。本は文学物、哲学、数物のものに別けられ様。数学や物理の基礎的なものに対する父の関心は非常なもので、新しい理論や実験が出ると絶えずこれをわからす事に努力していた。丁度量子力学の初期の頃自分も其の方の事をやっていたので、よく文献を漁って父に送った。気力が衰えぬと云うか、勉強や仕事はいつ迄も若い気で、ラテンやグリークの本格的正規な勉強も停年後からで、よく孫の横で単語を暗記したり、鎌倉の波打際でギリシャ文字を書いていた話を聞いた。私は随分気が多く、色々な本を買い漁って其の金の始末を父に負したが、一度もいやな顔を見せた事がなかった。

死ぬ少し前にも、私の家にあるリーマンの全集や、シュバイザーのグルッペンテオリーの本を一寸借せと云って来たりした。下村さんを通し末綱さんを知り数学の基礎問題を検討していた様である。そう云う点では、父が七十以上にもなっていると思った事もなく、いつ迄も昔の父とかわりなかった」[*11]

註

＊1　西田幾多郎「歴史的身体」、田中裕編『西田幾多郎講演集』岩波文庫、二〇二〇年。
＊2　石井茂『ハイゼンベルクの顕微鏡　不確定性原理は超えられるか』日経BP社、二〇〇六年。
＊3　K・ポパー『果てしなき探求　知的自伝』森博訳、岩波書店、一九七八年。
＊4　S・ワインバーグ『ワインバーグ量子力学講義　上、下』岡村浩訳、ちくま学芸文庫、二〇二一年。
＊5　仁科芳雄「NIELES BOHR」『岩波講座物理學　I.B. 學者傳記』岩波書店、一九四〇年。ボーア来日については、伊藤憲二『励起　仁科芳雄と日本の現代物理学（上）』みすず書房、二〇二三年。
＊6　佐藤文隆『ある物理学者の回想　湯川秀樹と長い戦後日本』第9章、青土社、二〇一九年。
＊7　湯川秀樹・朝永振一郎「対談：二人が学生だったころ」、『湯川秀樹著作集』別巻対談・年譜・著作目録、一九九〇年。

＊8　佐藤文隆「玉城嘉十郎と紡ぎだされた壮大な物語」、京都大学理学研究科編『京大理学部知の真髄　玉城嘉十郎の2つの遺産』京都大学学術出版会、二〇二二年。

＊9　湯川秀樹『旅人　ある物理学者の回想』角川文庫、一九六〇年。なお文中の西田講義の受講時期は記憶違いと思われる。

＊10　佐藤文隆『転換期の科学「パッケージ」から「バラ売り」へ』第10章「西田幾多郎と桑木彧雄「プランクのマッハ批判」の余波」、青土社、二〇二二年。

＊11　西田外彦「父」（一九四六年執筆）『西田幾多郎　同時代の記録』下村寅太郎編、岩波書店、一九七一年。

第 10 章

シュレーディンガーのラストメッセージ

——「ウィグナーの友人」と QBism

「ウィグナーの友人の逆説」

「1961年、量子論の先駆者ユージン・ウィグナー（1902―1995年）は「ウィグナーの友人の逆説」と呼ばれる悩ましい基礎的な問題を指摘した。この問題は「いったい誰の波動関数か?」とも呼ぶことができるだろう。ウィグナーWと友人Fが一緒に量子力学の実験をしている。二人は自分たちが観察している系、たとえば一個の電子のスピンが、上と下として区別される、とりうる二つの重ね合わせにあるキュービット波動関数で記述されることに合意する。実験が行われ、カウンターが結果を記録する。友人は波動関数が「上」の結果に収縮したことを知る。他方、ウィグナーは、測定が行われたことは知っているが結果は知らない。自分が割り当てる波動関数は先と同様、ありうる二つの結果の重ね合わせだが、今や電子のキュービットの両極は、カウンターの明瞭な読み取りに対応し、友人が知っている読み取り結果に対応する。しかしウィグナーはまだそれを共有していない[*1]」

「ビット」から「キュービット」へ

上向の状態を$|0\rangle$、下向きの状態を$|1\rangle$と書けば、重なった状態とは$|S\rangle = \alpha|0\rangle + \beta|1\rangle$のように表現される。電子は$|0\rangle$か$|1\rangle$かの確定的なビット状態でなく、量子的に重なった状態にあるのである。量子情報が盛んになった近年では、このような状態はquantumビットの意味でキュービットと呼ばれている。あくまでも「上向という情報」と「下向という情報」が重なっているという意味なので、敢えて、$|S\rangle = \alpha|上\rangle + \beta|下\rangle$のようには書かなかった。こう書くと一個の電子が「上を向いてもいるし、下を向いてもいる」という反事実の状況を突きつけられてしまうからである。スピンの向きに応じて電子のもつ「小磁石」の向きも異なり、外部から操作することもできる。

情報工学――事実・シンボル・物理状態

情報工学のデジタル機器の普及した今日、人々は文章も画像も音声も、皆、0と1の連なりで表現されていることを実感している。文章・画像・音声といった事実の「情報」が0, 1のシンボル系列としてハードディスクやUSBメモリーに記憶されているという実感である。そしてこれらの記憶装置では、シンボル0, 1の配列を小さなマクロ磁石の向きの配列に置き換えて物質状態として「記憶」しているのである。ただし、「小さなマクロ磁石」は多数個の原子の塊であって一個の電子の小磁石とは異なる古典的、非量子的存在である。「小さなマクロ磁石」はビット情報しか担えないが、たとえば電子の「小磁石」はキュービットを担えるのである。

ここで「担える」とは操作可能な物理状態が実現されるという意味である。現在、量子技術の最前線は、電子といった素粒子ではなく、もっと外部から操作しやすいキュービットを担える（超伝導などの）量子的物理状態の開発に凌ぎを削っている。今や、キュービットは、「シュレーディンガーの猫の生死」のような哲学論議ではなく、投資マーケットの話題なのである。

言葉の混乱——「波動関数」と「状態ベクトル」

「キュービット」に並んでもう一つ気になる言葉は「波動関数」である。波立つ波動を連想させるこの一〇〇年近く前の言葉はミスリーディングなのだが、なかなか消えていかない。数学的には「ベクトル」の範疇なので状態ベクトルという用語が適当なのである。連続変数の状態ベクトルの場合の成分が「波動関数」に当たるものであるが、今考えているようなキュービットのような離散的なデジタル状態の場合には「波動」イメージはかえって混乱の元である。[*2] それでも「消えない」のは、ハイゼンベルクと並ぶ量子力学数理の開発者シュレーディンガーへのオマージュであり、それも当初の自分の物理的解釈がボーアらによって潰された敗軍の将シュレーディンガーへの判官贔屓もあるのであろう。後述の議論では「状態ベクトル」の意味で「波動関数」を使っておく。

波動関数は誰のもの？

冒頭の引用文の状況を波動関数の数式で表してみる。電子の波動関数が$|S\rangle$のキュービットにあることはウィグナーWもその友人Fも情報を共有している。次に電子の上下の鉛直方向のスピンを測るカウンター$|C\rangle$を電子と作用させる。これが測定の第一段階であり波動関数に次のような変化が起こる。

$|S\rangle|C\rangle=(\alpha|0\rangle+\beta|1\rangle)|C\rangle\to\alpha|0\rangle|C0\rangle+\beta|1\rangle|C1\rangle=|$第一段階$\rangle$ ここで$|C0\rangle$はカウンターが「上」方向の「結果」を記録している状態、$|C1\rangle$はカウンターが「下」方向の「結果」を記録している状態である（このキュービットでは$|C0\rangle$である確率は$|\alpha|^2$で、$|C1\rangle$である確率が$|\beta|^2$である）。

この第一段階ではFもWも「結果」を見ていないので、二人の波動関数$|$第一段階$\rangle$は同一である。次にFは測定の第二段階としてカウンターの「結果」を見て$|C0\rangle$と$|C1\rangle$の何れであるか確認する。その結果、例えば結果が$|C0\rangle$であれば電子の波動関数は$|$第二段階$\rangle=|0\rangle|C0\rangle$

となる。ところがWはまだ〈C0〉か〈C1〉かを確認していないので波動関数は〈第一段階〉のままである。したがって、この時点では二人は別々の異なる波動関数を持つことになる。現実は一つなのに別々になってしまうのはパラドックス(逆説)であるというのが冒頭の引用文である。

「ユニタリー」変化と「射影」変化

ここで二つの波動関数の変化が登場している。一つは「第一段階」の電子スピンという量子系とカウンター(「結果」を「記録して」人間に伝える装置)の物理的な作用である。これはシュレーディンガー方程式で決められる状態の変化であって、数学的にはユニタリー変換と呼ばれる時間変化である。ノイズ「環境」への散逸がない孤立したシステムであれば、時間的に可逆である。

これに対して「第二段階」の波動関数の変化は、時間的な物理的過程ではなく、認識することである。数学的には状態ベクトルの「射影」(ある一方向への変化)であり、波動関数の「収縮」とも呼ばれてきた変化である。宝くじを買って抽選の日まで大当たりも含めて夢いっぱいの可能性が、当たり番号が決まった瞬間に夢が「収縮」するような意味である。あるいは裏向のトランプをめくって絵柄の情報が途端にわかるような変化である。ここで、この二つの例には情報の「未定」(宝くじ)と「既定」(トランプ)の違いがあることに気づくかも知れない。しかし、情報を手にしてないという意味では同一である。トランプ絵柄の「情報」ではなく、「事実」を問題にするならその一枚のトランプを束から引き抜いた瞬間に「既定」になったといえる。しかし、その「引き抜き」操作では「情報」は得られておらず、情報はめくって初めてわかるのである。この辺りのことはまさに冒頭のWとFの差に対応することに気づくであろう。

ウィグナーの真意

分かりやすくて説得性のある説明に聞こえるが、何か言葉遊びのような気がするかもしれない。物理学の目的は、人間の認識とかいう以前の、外界を記述することだと考えれば、「未定」か「既定」かの区別こそ重要であって、知られているかどうかなどは二の次のことである。だから「知られていない」という点を捉えて、それらを区別するなどあり得ないとも言える。だが情報の理論であるなら、重要なのはある認識主体にとって知られているかいないかの区別なのである。

冒頭の引用にあるウィグナーの思考実験は何を提起しているのか？「波動関数はこのように個人によって違っている」（A）と言いたいのか、それとも「個人によって違ってくるから、この論法は間違いである」（B）と言いたいのか？「ウィグナーの逆理」という言い方はBである。しかし一九六一年当時の歴史的事実はウィグナーの真意はAだと主張したかったのである。ただ当時の世論の大逆風を受けて、本人の意にそぐわない、「ウィグナーの逆理」という呼び名が定着したのである。先の波動関数もそうだが、量子力学にはこのように「白を黒と言いくるめる」

述語が多数流通している。「黙って計算しろ」の精神で「解釈」などには拘泥せず、物理学の帝国を築き上げた主流の実権派「恥じらいの実在主義者」の抵抗の累々とした傷跡を見る思いがする。確かに旧量子の時代はそれで何の支障もなかったのである。

認識主体の登場

先の「ウィグナーの逆理」解説はコペンハーゲン解釈に沿ったもので、ユニタリーと射影の二種類の変化を区別している。*3 実権派ワインバーグに代表されるような「恥じらいの実在主義者」はここに抵抗して、射影や「収縮」を全てユニタリーで説明すべしという考えであった（第4章参照）。そうすれば、物理学から人間を撤去できるからである。多くの物理学者にとっては無人物理こそ目標なのである。しかし、さまざまな実験や考察を経て、二一世紀に入った頃から量子情報というかたちで当面の解釈問題は決着したといえる。現在の量子力学はコペンハーゲン解釈のように「結果の記録」のカウンターを読む人間の登場が不可欠である。ポパー（第6章参照）も西田幾多郎（第9章参照）も感知したようにこれはそれ以前の物理学からみれば大きな転機であったし、それは原子登場期にエントロピーや時間不可逆性などをめぐるマッハやボルツマンが登場する論争が一九世紀からの「世紀転換期」の思想状況と連動したものであった。認識主体を撤去させたい「恥じらいの実在主義者」の夢は、いまの量子力学ではなく、その先にあるかも知れない未知の理論にかけるしかないのである。

コペンハーゲン解釈の「我々」とウィグナーの「個人」

今回の主題はここから始まるのである。コペンハーゲン解釈では確かに認識主体としての人間は登場している。だがその人間は「我々」であって「個人」ではなかった。それに対してウィグナーの論議ではWとFという個人による違いを際立たせている。コペンハーゲン解釈は確かに「人間」を導入して哲学的に困難を乗り切ったのであるが、それはあくまでも自然対人間という意味での総体的な人間であって、実存を問うような個々人を登場させたわけではない。科学はあくまでも言語を通じて相互に了解可能な言説を目指している公共的な営みであって、個々人の体験の相違は言語による交換で解消されると想定されている。歴史的に科学の成立を論ずるポイントの一つとして、実験・理論による個人的な知識獲得を広く共有する組織や定期的刊行物の制度の成立が挙げられるのもこのためである。先のウィグナーの論議でも、WがFに遅れて情報を得る方法として、実験室に行って直接カウンターを見る場合もあるし、Fからの電話で知る場合もあるかもしれない。だから個人に情報が達する過程全体を物理学に含めるのは馬鹿げているように思える。

量子力学論議の時代区分

ではウィグナーは何故こんな議論をあえて持ち出したのか？　動機を知るには彼がこの論議を提起した一九六一年当時の時代状況に注目する必要がある。私は二〇世紀物理学の展開を第一期（―一九四五年）「X線から量子力学まで」、第二期（一九四五―一九八〇年代後半）「原爆からクオークまで」、第三期（一九八〇年代後半―現在）「コンピュータと量子工学」に区分し、その中での量子力学「論議」のながれを、「A　量子力学創設時の認識主体をめぐる論議」、「B　第二次世界大戦後の冷戦イデオロギーの時代」と「C　ベル不等式を起点とする量子情報の時代」としている。*4　Aはボーア・アインシュタインのような巨匠論争時代であったが、Bでは冷戦下で思想が問われ、ヒラの研究者も論議した時代と言える。こうしたBの中でベル不等式は提起されたが、第三期の実験技術の進歩を経てCの新時代を開いたものといえる。ウィグナーの論議は第二期最中のBを彩る光景の中にある。

冷戦下、実在論と観念論の綱引き

第二次世界大戦後間もなく、ソ連が原爆を持ち、東欧・アジアで共産主義国家が広がる中、米国内の左翼分子を国際共産主義への内通者として暴くマッカーシズムが一時猛威をふるった。原爆の父として権力の中枢にあったオッペンハイマーを追い落とすため、大戦前の彼の研究室の学生であったボームの米共産党との関係が暴かれ出廷が命じられ、ボームは国外に亡命し、英国に滞在した。一方、当時のリベラルな西欧の研究者は米国の反共狂乱への抗議もこめてボームを殉教者として迎え、彼を中心とした量子力学の国際会議を開いた。テーマが量子力学なのは、彼の教科書でEPR問題の核心を鮮やかに提示したからであり、それは「隠れた変数説」という唯物論的実在論の復活をも刺激するものだった。しかし、多自由度や環境からのノイズなどによる「古典化」やデコヒーレンスなどによっても「収縮」は起こらず認識主体の追い出しには成功しなかった。「ノイズ」の作用は状態間の干渉効果を消去する（デコヒーレンスと呼ぶ）ものであるが一つの状態が選ばれることはなく、依然として「重なり」は残っている。

冷戦下、ソ連公式哲学は確かにコペンハーゲン解釈をマッハ主義と批判するものの、ソ連の物理研究界は量子力学に思想問題を持ち込むことを用心深く排除し、この西洋リベラル派に呼応することはなかった。ソ連でも、米国の大勢同様、「黙って計算しろ」（第2章参照）の精神で場の量子論や多体問題での技巧的な展開において輝きを放った。

こうした西ヨーロッパでの量子力学論議を冷ややかに眺めていたのがウィグナーである。亡命ユダヤ人としてナチスもソ連も同じ全体主義として批判し、反共の政治的立場を明確にしていた彼である。この時期のリベラル派の試みはコペンハーゲン解釈から認識主体を撤去する試みと言えるが、ウィグナーはその逆に、コペンハーゲン解釈の「我々」を「個人」にまで引っ張ってくる議論をした。冷戦下の対立を動機とする知的飛躍である。*4

キュービズム QBism

時は流れ、結局、コペンハーゲン解釈のように人間主体の量子情報理論として決着したと思いきや、理論的に整合性を重視するならウィグナーの友人論議のように、波動関数は、我々のものでなく、個人のものと考えるQBismという理論が、二一世紀に入って提案されている。*5

近年、情報機器の普及で膨大なデータの取得・操作が容易になり、実社会の政策や科学研究の現場でもデータ処理の統計学の世界が急拡大している（第8章参照）。大学の教育現場でもデータサイエンスの学科や学部の新設など、その影響は学問世界にも地殻変動を起こしつつある。この中で確率を個人の信念の確度として導入した一八世紀のベイズ統計は大活躍である。今でも確率の存在論には頻度主義の客観論とベイズ統計などの主観論が両立するが、引き続く経験の履歴によって確率モデルが更新されていくという理論構成は、情報は個々人のものというウィグナーの波動関数の見方に通底するものである。

したがって、波動関数で記述される量子情報の確率もベイズ統計の確率とみなして量子力学の数理を書き換えてみるという試みが登場した。まさに波動関数は個人のものというウィグナーの主張に行き着いた感がある。フックス達のこのQBismの提案は新たな数理形式を提示しているが、内容的にはジョン・ホイラーが提起していた「参加者実在論」や「二十二の扉」情報論などの後継と言える。[6] 和訳のあるフォン・バイヤーの解説書がある。[1]

ヒューム——経験主義と人間の知性

こうした量子力学の見直しは、確率の存在論としてだけでなく、科学の基礎論全体に及ぶものという主張をマーミンはしている。[7] 新興の学問であった科学の帰納主義などを論じた一八世紀のデイビッド・ヒュームの『人間本性論』などの議論である（第11章参照）。科学では「観念の相互関係」と「事実の認定」が錯綜しているが、後者は全て個人の感覚を発端とするものである。ヒュームがそこで延々と論じているようにこの経験主義の立場では経験を何回繰り返しても経験以上のものでないが、これを帰納的推論として法則ととらえるのが人間の基本的な習慣であると結論付けている。それを保証する決定論的メカニズムの実在を意味するのではないが、それは確率p＝1の高い確度の信念なのである。

一九三五年のアインシュタインらのＥＰＲ論文「量子力学による実在の記述は完全たりうるか？」では「系をいささかも乱すことがなく、確実に（すなわち確率$p=1$で）物理量の値が決定できるならば、この物理量に対応する物理的実在の要素（element）が存在する」を実在（reality）の基準としているように、$p=1$ は物理的実在によって裏付けられていると考えるが、QBismでは「自分の人生を賭けるほど確か」という意味である。

シュレーディンガーの実在論

波動関数を数理的に導入したシュレーディンガー（一八八七―一九六一）はその最晩年に「実在とは何か」という長い論考を残している。[*8]

「私は感覚をとおして外的世界を知る。私の感覚をとおしてのみ、そのような外的世界に対する知識が私のものとなる。つまり感覚というものは、この外的世界をつくりあげるための素材なのである。これはあらゆる人に共通したことであろう。われわれがこのようにしてつくりあげられたそれぞれの世界は、そのパースペクティブに差異があるにせよ、広範囲にわたってほぼ一致したものであるから、一般的にわれわれは、単数形の世界という言葉を用いるのである。しかしそれぞれの感覚世界はまったく個人的なものであり、他人が直接入り込むことのできるものではないので、この一致は不思議なことである」[*8]

多くの場合、この一致の不思議を無視したり、一致は個々の肉体に影響を与える一つの実在世界があるからだと言い繕ったりする。すなわち観測された二つの世界BとB′は、各々が一つの実在世界Rに等しいからBとB′は等しいのだと。しかしBとRを区別してRの存在を確かめることが出来ないことに気づかされる。またBとB′の類似性は言語による交換に由来するものであるが、言語は外的世界の感覚に閉じない観念に関係するから共通経験は「ほぼ一致」の程度にとどまる。

シュレーディンガーはこの「共通経験」について言語論やヒュームの因果論などの考察を行った後に、「この経験上の事実を説明する目的で、現実に存在する物質世界を受容するのは、神秘的で形而上学的なことである」と断ずる。その上で「物質世界を容認したいと思う者は、そうすればよいのであって、これはいくらか素朴なもので多くを欠いているにせよ、彼にとっては好都合な考えなのであろう。しかしそのような人が、形而上学や神秘主義という「弱み」をもたないと主張してみても、他の立場を形而上学的で神秘主義的だと嘲笑する権利など、彼にはないのである」[*7]と皮肉を込めて述べている。またこんなことを言えば自分が「多くの自然科学者仲間の側からの、激しい論駁にさらされるであろうことは承知のうえである。彼らは、およそ慇懃で皮肉に満ちたほくそ笑みを浮かべ、次のように言うであろう。「いいかね君、うるさいからわれわれのそばによらないでくれたまえ。共通経験の原因として物質世界をありのままに受けいれる方が、ずっと好ましいことなんだから。そうするのに作為はないし、それは誰もが率直に認めることだよ」と」[*8]。経験主義の科学の哲学からすれば根拠のないことでも「誰もが率直に認める」ことだから波風を立てるな、という学界の知的退廃を老シュレーディンガーは痛烈に皮肉っているのである。そしてこれは私の「恥じらいの実在論者」（第3章参照）や「坊主か、職人か」論[*9]と軌を一にするものである。もちろん、世の中は形而上学や神秘やイデオロギーなどに満ちておりそれなしには生きられないのだが、だからと言って新学問を目指した一九世紀末の科学の初心は忘れるべきではない。

註

＊１　ハンス・クリスチャン・フォン・バイヤー『QBism 量子×ベイズ　量子情報時代の新解釈』松浦俊輔訳、木村元解説、森北出版、二〇一八年。

＊２　佐藤文隆『量子力学ノート　数理と量子技術』サイエンス社、二〇一三年、六四ページ。

＊３　マーミン（N. David Mermin）はボーアは初めから「我々」でなく「個人」を導入したと論じている。N. David Mermin "There is no quantum measurement problem" Physics Today 75 (6) 62–63, 2022.

＊４　佐藤文隆『量子力学が描く希望の世界』第３章「冷戦時代の量子力学論議「解釈することではなく、変革すること」」、第４章「冷戦イデオロギー構図からの脱却　１９６０年代末の転換」、青土社、二〇一八年。

＊５　C. M. Caves, C. A. Fuchs and R. Schack "Quantum Probabilities as Bayesian Probabilities", Physical Review A65 (2002), 022305–022315で最初は提起されたが、その後「解釈問題」論議をリードしてきたマーミンがこの立場を擁護した。QBismは「キュービズム」と読ませて美術のCubism（立体主義）とかけている。当初はQuantumとBayesの合成だが、マーミンはBはbet（賭け）のBでも良いとしている。

＊６　佐藤文隆『佐藤文隆先生の量子論　干渉実験・量子もつれ・解釈問題』序章、講談社ブルーバックス、二〇一七年。

＊７　N. David Mermin "Making better sense of quantum mechanics" Rep. Prog. Phys, 82, 012002, 2019. arXiv : 1809.01639v1.

＊８　エルヴィン・シュレーディンガー「現実とはなにか（１９６０年）」、『わが世界観』橋本芳契監修、中村量空・橋本芳契・早川博信訳、ちくま学芸文庫、二〇〇二年。

＊９　佐藤文隆『科学と幸福』第４章、岩波現代文庫、二〇〇〇年。

第 11 章

因果律のキャリアーとしての実体

——ヒューム人間知性論とマッハの力学批判

デイビッド・ヒュームの因果律

「われわれは、一つの事例または実経験において、ある特定の出来事が別の特定の出来事に続いて起こるのを観察した後でさえも、一般規則を形成したり、あるいは似た事例でどのようなことが起こるかを予告したりすることはできない。単独の実経験がどれほど正確または確実であっても、それから自然の全行程について判断することは、許されない無分別である、と見なされても正当であるからである。

しかし、ある特定の種の出来事がつねに、すべての事例において、別の特定の種の出来事と連結してきた場合、一方が現れると他方も予告すること、つまり、それが事実または存在についてわれわれを確信させることのできるところの推理を用いることに、われわれはもはや躊躇しないのである。われわれはそのとき一方の対象を原因、他方を結果と呼ぶ。われわれは、それらの間にはある結合があり、一方には力能があり、それによって、一方が他方を絶対確実に生み出し、最も確実に、そしてこの上なく必然的に作用する、と想定する」[*1]

「人が、二つのビリヤードボールの衝突による場合のように、衝突による運動の伝達を最初に見たとき、一方の出来事が他方の出来事と結合しているとは断言できず、ただ、それらが連接しているとしか断言できないであろう。この性質の事例をいくつも観察した後では、そのときには彼は、それらが結合していると断言する。どんな変化が起こって、結合というこの新しい観念を生み出したのか。次のこと以外にはない。すなわち、彼は今や想像において、これらの出来事が結合していると感じており、一方の現れから他方の存在を直ちに予告することができる、ということである。それゆえ、ある対象がもうひとつの対象と接合しているとわれわれが言うとき、われわれが意味しているのはただ、それらの対象がわれわれの思惟においてある結合を獲得したこと、そして、それらがこの推論を生み出し、この推論によってそれらの対象は互いの存在の確証となる、ということである[*1]」

エジンバラの広場で

二〇〇七年、ロイヤルソサエティの会長であった友人のマーチン・リース（Baron of Ludlow）を訪ねてケンブリッジを訪れた後に、家内と数日エジンバラに滞在した。バグパイプの響きがいつも満ちている市街の中心広場、セントジャイルズ大聖堂に近いハイストリート、ロイヤルアベニューの向かいに大きな青銅の人物像が設置されている。北邦スコットランドの早い晩秋のなかでは、上半身裸体のギリシャ哲人風のその人物は「寒くないのだろうか?」と、一瞬、戸惑ったものである。彫像の主はデイビッド・ヒューム(一七一一—一七七六)であり、れっきとしたエジンバラの人である。エジンバラに生まれ、その大学を卒業、合体したイングランドのロンドンにでてロックやニュートンの新哲学に触れ、パリのフィロゾーフと交わり、こうした知的遍歴の後、故郷に帰りエジンバラを終の住処にした。一八世紀スコットランド啓蒙主義の先達であり、「イングランドには競走馬が育ち、スコットランドには哲学者が育つ」と評された「北のアテネ」の時代を築いた人物である。

半裸体の姿で「ギリシャ」を表現するあたりは、日本人にはピンとこないところだが、ヨーロッパ近代がヨーロッパ土着でなくギリシャ・ローマの舶来物だとの意識の表出のようにも思われる。現在この彫像の近くには『国富論』のアダム・スミス(一七二三—一七九〇)の彫像も建てられているようである。実はこれらの彫像の設置時期はきわめて近年のものであり、ヒュームのが一九九七年、スミスのは二〇〇八年の建立とあり、スミス像は私たちが訪れた時にはまだ無かったようであるが、ネットでみると一八世紀当時の衣服を纏った姿である。

経験主義で認知科学

冒頭の文章はヒュームの『人間知性研究』[*1]からの引用である。ジョン・ロック、ニュートンの時代の後に登場したヒュームは、超越的存在を導入しない、経験主義の新哲学によって人間の本性を解明しようとした。それはニュートンに見る外界の科学の成功に刺激されて、人間の内界も経験主義の手法で解明しようとしたのである。外界において原因と結果をつなぐ如何なる力能も見出されない。「同じ困難は、身体に対する心の作用を考える場合にも起こる。その場合われわれは、身体の運動が心の意志作用に続いて起こるのを観察するが、運動と意志作用を結びつけている絆、あるいは心がこの結果を生み出す際の活力を観察したり思い抱いたりすることができない。意志がそれ自身の能力や観念に対して持つ権能は少しも把握可能にはならない。それゆえ、全体として、すべての自然を通して、われわれによって思い抱かれうる結合の事例はひとつも見られない。すべての出来事はすっかりばらばらで分離しているように思われる。ある出来事が別の出来事に続いて起こる。しかし、われわれはそれらの間のいかなる絆もけっして観察できない。それらは連接しているが、けっして結合していないように見える」[*1]

因果律は心の習慣

「われわれは自らの外部感覚または内部の情感に現れたことのないものについてはいかなる観念も持ちえない」という経験主義の立場を貫けば、個々の出来事を結びつける絆が見えてくるわけではない。しかし、この結論を避けるひとつの方法、まだ検討していない考察すべきひとつの源泉が残っている。「ある特定の種の出来事がつねに、すべての事例において、別の特定の種の出来事と連結してきた場合、一方が現れると他方も予告すること、つまり、それが事実または存在についてわれわれを確信させることのできるところの推理を用いることに、われわれはもはや躊躇しないのである」[*1]。この躊躇しない確信は自らの予告が事実である経験によって深められるからである。こうして物事に因果律を見てとるのは我々の心の習慣であるとヒュームは喝破したのである。こうした言辞は「科学は思考の効率が良くて便利な経済的機能である」とするエルンスト・マッハの言辞などと同じく、経験主義、実証主義の核心を射止める言辞であると同時に、真理の源泉を超越的なものに希求する多くの人々の感情を逆撫でして不興を買う言辞でもある。

因果律を統御する力のキャリアーとしての実体

本書は量子力学をめぐる混迷の歴史をテーマにしているが、もう一〇〇年にもなろうという「混迷」の震源地は量子力学における実体の観念にある。ここでは古典力学での力と実体をめぐる論議の歴史を想い起こしてみる。そこでは因果律を維持する力のキャリアーとして物理的実体を想定する思考が物理学者のあいだで一般的であったのである。

「物理学の中で力という概念は独特な位置を占めるが、特に際立つのはそれが原因の概念と結びついて考えられていることである。とりわけカント学派は力を原因と因果性の物理的定式化であると考える。この考えでは、自然科学では自然界のあらゆる現象をなんらかの基体に関係付ける。そして現象は、それらから生じた結果であるとされる。このような操作を矛盾なく遂行するにあたっては、この基体の科学的条件は終始因果関係が維持・保存されるように定式化されなければならない。こうして、因果律の経験的適用から、実体の概念がでてくる。こうして形成された実体の概念を用いて、次にそれから特定の因果関係を導く。このようにして実体に付与された原因性は「力」と呼ばれ、この力の作用を持つと考えられる実体は力のキャリアーとみなされる[*2]」。古典力学の定式化はこうした力・実体・因果律の関係を論ずる新しい枠組みを提供した。

「力」の字義

「力」という言葉は強い印象をもつ日常語である。単なる符牒であるクオークといった言葉とは違う色々な連想を生み出す汗と血の染み込んだ味の濃い言葉である。このことは force や Kraft といったヨーロッパ語でも同様である。

白川静によると漢字「力」の字義は次のようである。「象形、すきの形。〔説文〕に人の筋（肉の中のすじ）の形とするが、耒（すき）の形である。耒（らい）は力（りょく、すき）と又（ゆう）を組み合わせた形で、力（すき）を手（又）に持つ形。加、嘉、勧、……などの字に含まれる力はみな耒の形である。耒を使って田畑を耕すことは多くの労力を要することであったから、「ちから、はたらき、つとめる、はげむ」の意味に用いる」[*3]。地面から鋤にかかる物理的力、鋤を支える生理的身体力、この労苦に耐える精神力、この労苦を受忍する社会的拘束力……、まさに物理・身体・社会が一体となった力がある。

『岩波哲学・思想事典』[*4]の「力」の項目では「本来、漠然と自然哲学・社会哲学共通に用いられる概念であったものと考えられ、ホッブス、スピノザの時代までは、たしかに物質的力、生命力、政治権力などは一緒に論じられたが、一七世紀の機械論的自然像の中核をなす近代力学の成立以降は、自然哲学、ことに物理学が取り扱う対象と見なされるようになった」とある。

ダイナミズム派と関係性派

この近代力学の成立であるニュートンの『プリンキピア』（一六八七年）以降、「力」をめぐる論議はこのニュートン理論の自然哲学としての位置づけにおいても重要なポイントであった。動因としての日常語「力」から余計な意味合いを引き算して力学の概念に純化していく染み抜きの作業が一九世紀まで続いた。一八世紀後期までは、力、運動量、モーメント、運動エネルギーなどが混同して使われており、歴史的な経過は錯綜したものであった。

いま、ヤンマーの『力の概念』[*2]を参考にして大雑把に経過をみると、動因としての力を中心に見る派はライプニッツから始まり、ボスコビッチ、カントらが続く。そして、この派の対極にあり力を単なる中間項概念とみなすのが、バークリ、ヒュームらの経験主義に端を発し、一九世後半に盛り上がりを見せたキルヒホッフ、ヘルツ、マッハ等の力学観である。科学は「記述することである」とするキルヒホッフの言辞が一九世紀末に流行した。[*5] ヤンマーにしたがって前者をダイナミズム派、後者を関係性（relational）派と呼んでおく。[*2]

哲学としての力学

ニュートンは、デカルトやライプニッツらと違って、倫理問題などに踏みこむ哲学議論を避けていた。また遠達力である重力の「原因」や、太陽系の初期条件には、「仮説を立てず」とか「神の一撃」とかいうキャッチフレーズ以上の考察はしなかった。むしろ、時間空間、運動、力の相互依存性を強く認識しており、どこかで絶対性を導入しないと全体が宙に浮くと認識して、どんな事物を受け入れても影響を受けない絶対的時間空間を想定した。そういう器としての時間空間と違って、ライプニッツは事象が生起する経過の表現で構成されるものとして時間空間を想定した。ライプニッツは「予定調和」という超越原理を立て、調和のとれた現実を撹乱する要因を力に見立てた。

ダイナミズム派は、神に代わって人間を真理の中心に据えた近代合理主義の哲学体系の構築という課題の中に力学を位置付けており、事物の動因、原因、活力、エネルギー、意思、個物などの表出の姿として力学をみるのである。こうした見解が流布した背景には、一般的に広く、因果関係を力の行使で理解する伝統的性向と親和的であったことがある。啓蒙主義の時代、天や神の摂理を追い出して空白となった自然の動因の地位に、「力」を滑り込ませたと言える。この伝統社会に馴染んでいた因果性の世俗化として、力学の「力」は科学の新時代到来を啓蒙する一助ともなったのである。

哲学時代以後の「関係性派」

こうしたダイナミズム派に対して関係性派は科学の哲学時代以後の産物であり、科学は出来事の関係性を「記述すること」という科学論を主眼にしている。例えば質点群の空間的配置の変動を解く問題で「加速度と質量の積量（＝「力」）を中間項として導入するのが問題解法に有効（便利）である」といった見方である。こういう科学を反形而上学的、経験主義的、実証主義的、言語論的な語りとする傾向は二〇世紀前半の科学哲学界を席巻した。この傾向はボーアらによる量子力学の定式化にも一定の影響を与えた（第4章参照）。

力学理論の進展によって「力」が理論の中核から退場させられていった動機には数理理論の深化もあった。一つは最初の力である重力の存在論をめぐるバークリー、モーペルテュイ、ヒューム、ダランベールらによる批判的議論である。そしてもう一つは、一八世紀終わりからのフランスを中心とする数理的に高度な解析力学への発展である。天体の三体問題といった複雑な力学問題の解法という動機もあって、次々と力学の数理的一般化が行われたことである。一般化とは多次元配位空間、一般曲線座標、多変数の運動法則への書き換えである。これら解析力学と呼ばれる数理理論の誕生は、力を中核とする原因結果の因果性による運動の見方に代わって、相互作用している多体系の状態の推移というシステム論的な見方を生みだした。

古典物理学の科学論

一九世紀後半、自然科学の研究が社会的に大きく進展し、宗教的・人文的論議が主体であった従来の学問と高等教育の世界を威圧する勢力に伸長した。対話を求めてヘルムホルツ、ポワンカレ、マッハ、ボルツマンなどの科学者自身が論壇に登場した。科学の探究は「観念間の関係」と「事実に関する事項」の二方面からなされるが、一九世紀後半、産業と結びついて光学、熱学、電磁気学が加わった物理学では統一的な力学的世界像の構築が試みられていた。この中で物理学の諸概念の批判的検討が行われ、実証性のない熱素やエーテルや「原子」などと同時に「力」をも追放するキルヒホッフ、ヘルツ、マッハ等の試みがあった。これらは、先に記したエントロピー論議のように、法則性に認識主体を導入するか否かのポイントと関連する。これらが確率記述で認識主体の導入が不可欠に見える量子力学の前哨戦であったといえる。外界から「力を抜く」ということは力の概念形成が我々の筋力に由来する諸経験を思い起こすことでもあるからである。[6][7]

因果律の展開

ヒュームの因果律の考えは、広く哲学者の間で浸透していった。エルンスト・マッハは次のように記している。「ヒュームは、どのようにして物Aは他の物Bの原因となりうるか、という問題を初めて提出した。彼は因果律は認めず、私たちが馴れ親しみ熟知するようになった時間的継起だけを認めた。カントは、AとBの結合の必然性は単なる観測だけではわからない、と正しく認識している。彼は先天的な悟性概念の下に包摂されるとした。これと同じ立場に立っているショウペンハウアーは、「充足理由の原理」をさまざまな形式、つまり論理学的形式、物理学的形式、数学的形式と動機の原理に区別して考えた。しかしこれらの形式は、この原理が適用される素材に従って区別されるにすぎず、素材の一部は外的経験、一部は内的経験に属しているのである」[7]

「原因結果の概念が威力ある理由としては、これが本能的に発展し、恣意的に発展したものではないということが、またその形成には個人的には何らあずかっていないと感じていることが重要である。実際、因果性の感じは個人から生じたものではなく、人類の発達を通して準備されたとさえ言えるものである。したがって原因と結果は経済的機能をもった思考上の産物である。それがなぜ生じたかという問いには答えられない。というのはまさに一様性を抽象することによって初めて「なぜ」という問いを習得するからである」[*7]として、マッハ独自の思考の「経済的機能」に結びつけている。

原子世界の登場と「四つの力」

ところが古典物理学の完成期において興った実証主義的概念批判の流れは、二〇世紀初頭からの原子世界の登場によって物理学の主な場面からは忽然と姿を消していった。経験が身体的でない原子世界の探究では、感覚表層の背後に現象の法則性を支えるキャリアーが存在するという実感に確信を持っていないと前進出来ないからであるかも知れない。したがってこの時期の物理学研究の進展は、マッハが蒔いた概念批判の科学哲学の発足時とは正反対に、実在論的、統一理論的といった階層的形而上の原理を追究する流れが優勢に進行した。まさに未開の新世界に入り込んだ探検の時代であった。

一九七四年から八〇年代の中頃にかけて、素粒子物理学が大きく前進して「力の統一理論」完成が謳われた。この「力」と古典力学の「力」とは、運動に影響を及ぼす作用としては同じ意味だが、数理的にはずいぶん違った外観である。ともかく一七世紀の重力と一九世紀の電磁力に加えて、二〇世紀初頭からの放射線の発見で登場した原子核素粒子に関する二つの力を含む「四つの力」がゲージ理論として統一されたのである。また素粒子の分類分けもこの「力」で行われたといえる。いずれにせよ「力を抜く」どころか、再び「力」を物理学の中心に据えるイメージを与える動きであった。これは「探検の時代」の特徴であり、完成後の概念批判が次に起こるのだろうと思う。

ここで「力」に関係する対抗軸の両端には次の二つがる。一つは「四つの力」原因説とでも言うべきもので、ミクロマクロ含め物理現象がすべてこれで起動されている以上、原理的には古典力学も力の統一理論に組み込まれているとする。もう一つは一般理論としての力学をツールとして自然にある力を整理整頓して探し出されたのが「四つの力」であるというもので、「四つの力」結果説と言ってもいい。一般理論の枠組みの中において浮かび上がってきたという意味である。古典物理の時代と違って「四つの力」は量子力学の時代の存在である（量子的には四つのうち重力は他と並べられないという説が有力である）。量子力学の形式は「力の原因説」から「力の結果説」に移行している。原子分子が量子力学を支えているのではなく、量子力学に支えられて原子分子があるのである。

ここで冒頭の因果律をめぐる引用に関係して対立する二つの可能世界を想定しよう。「可能世界Fとはさまざまな素粒子の場で満たされた時空間であり、その配列の一組の歴史を背負っている。世界Fには根本的な基本法則が含まれており、その内容は決定論的法則であったり、蓋然性をともなうある規則性であるかもしれない。Fはこうした物理的な存在だけで成り立っており、物理主義と呼ぶことにするが、この考えは人文・社会現象一切も物質に淵源するという唯物論もこの範疇である」[*8]

ここでもう一つ別の可能世界Hを考える。HはFから一切の基本法則をすべて取り除いた世界である。「世界Hは、Fの歴史とまったく同じパターンのミクロ物理的なものたちで満ちた時空間から成り立っているが、ある時点の出来事と別の時点の出来事関係を定める基本法則は備えていない。Hにおいて、物事は互いに関係なく、ただ起こるだけなのである」「私たちが語る因果性法則確率は、とどのつまり私たちの認知を助ける概念装置ないし便利な虚構でしかない。それが認知に役立つのは、現実の出来事の歴史的パターンがたまたま非常に単純な記述と一致しているおかげである。この非常に単純な記述こそ、私たちがしばしば法則と呼ぶものだ。しかしここが哲学的に肝心なところだが、そのような自然についての記述は、ほかのあらゆる記述と同じで、自然の道行き自体を支配しているわけではない」[*8]

ヒューム主義者と反ヒューム主義者

ヒューム本人がそこまで考えていたかどうかの詮索は横に置いておいて、ここで世界Hの支持者をヒューム主義者、世界Fの支持者を反ヒューム主義者と呼ぶことにするなら、[*8] 量子力学をめぐる「恥じらい」の実在論者は断固とした反ヒューム主義者なのである（第3章参照）。近代的な大抵の哲学においては概念の起源を人間の知覚においている。そして流暢な語り口でそのことを説得したパイオニアの文人としてデイビッド・ヒュームがあるのである。現代における知的活動の最前線にあると自負する物理学者が大挙してこの近代主義の範疇に入らないということは異常なことである。これは歴史も含めた人間の見方に大きなギャップが存在しているからであろうと考える。法則の普遍性を「人間がいなかったとしても……」という基準に求める心性のなせる技かもしれない。

註

＊1　ヒューム『人間知性研究』神野慧一郎・中才敏郎訳、京都大学学術出版会、二〇一八年。
＊2　マックス・ヤンマー『力の概念』高橋毅・大槻義彦訳、講談社、一九七九年。
＊3　白川静『常用字解』岩波書店、二〇〇三年。

＊4　廣松渉・子安宣邦・三島憲一・宮本久雄・佐々木力・野家啓一・末木文美士編集『岩波哲学・思想事典』岩波書店、一九九八年。

＊5　佐藤文隆『転換期の科学　「パッケージ」から「バラ売り」へ』第10章「西田幾多郎と桑木彧雄――「プランクのマッハ批判」」、青土社、二〇二二年。

＊6　佐藤文隆『科学者、あたりまえを疑う』第8章「「力を抜く」マッハ哲学――「守るも、攻めるも」」、青土社、二〇一六年。

＊7　エルンスト・マッハ『マッハ力学　力学の批判的発展史』伏見譲訳、講談社、一九六九年。

＊8　ダグラス・クタッチ『現代哲学のキーコンセプト　因果性』相松慎也訳、一ノ瀬正樹解説、岩波書店、二〇一九年。

第 12 章

量子力学に見る科学と鑑賞

——ポスト・「サイエンス・ウォー」の風景

「もう一つのコメントは、物理学の「ハード」な、あるいは「テクニカル」な部分は人類社会の価値的な見解について何も主張してはいないということである。「いや、科学者は科学研究を基礎にいろいろと人類の価値に関わる見解を述べるべきで、それこそ科学的真理探究の目的ではないのか」という反論が出るかも知れない。それに対する私の答えは、単純にノーである。もちろん、人類に思いをいたすひとかどの人間ならそういう見解を述べたりもするであろう。学問とは本来そういうものだと思う。しかしそれは「テクニカル」な科学そのものとは峻別されるべきである。それでは価値中立な科学に価値があるのであって、科学者や知に携わる人間が、それらに規定されつつも上部構造としてのイデオロギーを語る部分に価値がないのかと言えば、そうでもない。価値と言うならむしろ逆であろう」[*1]

「上部構造」と「下部構造」

大戦後のマルクス主義全盛の日本で育った我々の世代はすぐに「国家の暴力装置」とかと同様に「上部構造」「下部構造」といった用語が口をついて出てくる。そんな気配が滲む一九九五年頃に執筆した拙著『量子力学のイデオロギー』[*1]からこの文章を持ってきた意図は二つある。一つは本書のテーマであった量子力学をこの時期に掲げた意味であり、二つめは「科学と鑑賞」、すなわち「テクニカル」な科学を文系学問が「もてはやし」たり「貶し」たりすることをめぐる問題、その後に話題になった「ソーカル事件」とか「サイエンス・ウォー」に関連する論点である。[*2*3]以下ではまず一九九五年当時に私が量子力学を掲げた背景に触れ、後半で「科学と鑑賞」からの展開を論ずることにする。特に「ソーカル事件」のきっかけは「素粒子加速器SSC中止」が引き起こした米物理学界のパニックにあったのだという私の歴史認識を述べる。

『現代思想』への連載に量子力学

今から三〇年近く前、岩波書店の「21世紀問題群ブックス」の一冊として出した拙著『科学と幸福』[*4]を読んだ『現代思想』の編集部から連載の依頼を受けて、一九九五年一〇月号から始めて一九九七年七月号までの間に一一回、「量子力学のイデオロギー」といういささかどぎついタイトルのもとに論考を掲載した。前記の拙著[*1]はこの連載論考に科学論関係の既発表や書き下ろしの論考を加えて上梓したものである。

連載のテーマは「ご自由に」ということだったので、自分でだいぶ思案した末に「量子力学」を持ってきた。それまでの自分の執筆活動では取り上げていないテーマであり、また当時は物理学の研究に対する世間の関心は宇宙論や統一理論であった。拙著『科学と幸福』はその「宇宙論や統一理論」の流れが米ソ冷戦終結で変貌した米国物理学界の動きを描いたものであった。連載を依頼した編集者もこの「ハード」な研究界と国際政治の絡みに興味を持ったのかも知れないが、連載にはそれと全く関係ない「量子力学」という言葉がふいに飛び出したので「それなんですか？」という感じだったかも知れない。それほどに一九九五年頃の日本の出版界では「量子力学」は知的世界で刺激的な最新用語ではなかった。もちろん二〇世紀初頭の相対論と量子論の出現は思想や文化の世界にも大きなインパクトを与えた物理学の大展開であったが、それは大正から昭和初期の話である。第一次世界大戦後のワイマール期の中央ヨーロッパでのボーア・アインシュタイン論争やハイゼンベルクの不確定性関係などの認識論をめぐる論争は哲学界にも大きな論争を巻き起こした。さらに時代が下って、米ソ冷戦下の一九五〇—六〇年代、大学教育でも既にベーシックな教科科目になっている量子力学であったが、ソ連官製マルクス主義からの批判や唯物論性を回復させる理論物理の試みが一時「裏街道」の研究界で賑わった時期もあった。[*5]

量子力学は完成後もう一〇〇年を迎えようとしている。一九九五年の段階で七〇周年であり、力学、電磁気学、統計熱力学などとともに理工系学生のベーシックな必須教科になっていた。決して「未知の」とか、「驚きの」とか、「ワクワクする」とか、そういう魅力を売りにする教科ではなく、練習問題で習熟度を高め、期末試験で審査される普通の基礎教科であり、理工系の大学院入試対策には欠かせない科目だった。

一九五〇年代以降、プラスチック、トランジスタ、レーザーといった原子分子の化学や電子技術の製品で生活空間が塗り変わっていくのを我々の世代は実感してきたが、その技術を支えたのが量子力学である。理工系専門家にとっては必須の日用品的道具になっていた。そしてこれらベーシックな道具を携えて、素粒子の統一理論や宇宙の創造、インターネットやＡＩのハードウェア、ＤＮＡや脳科学などの華やかな最新科学研究のフロントがあり、そこに世間の関心を刺激する魅惑的な科学が次々と生み出されていたのである。量子力学はそれを下支えしている黒子であり、大学院入試の量子力学試験問題の傾向と対策を定年教授が講ずるなら関心を引くかもしれないが、『現代思想』誌で量子力学を論ずるとはどういうことなのか？　そんな場違い感を意識して、あえて量子力学という言葉を登場させたのであった。

二つの背景――その一「隠居老人の美学」

一九九五年に量子力学をとりあげた背景には物理学の研究情勢と個人的ライフステージの二つがあった。簡単な後者の方から説明すると当時は理学部長を務めあげ、その後総長選挙で決戦投票までもつれ込んで落選するハプニングもあったが、定年後を見据えるライフステージにあった。現在と違って当時の定年教授の美学は、後進の教授を気遣って、去った研究室には出入りしないことだった。したがって主宰してきた研究室に備わった宇宙物理学の研究機能や情報から引き離される状況下での定年後の知的生活をどう構築するかを探りはじめた時期であった（その後のインターネットなどの情報革命は全く織り込まれていなかった）。そこで心に浮かんだのが物理学を学び始めた学部学生時代に違和感を覚えた統計熱力学のエントロピーと量子力学の観測理論であった。こんな「違和感」に拘泥していたら研究者として食っていけないから一旦封印していたが定年後はその背景を考察しようという思いである。われわれの世代の先輩たちを見ると、理論物理の定年教授にはこういう人は時々いて、そう珍奇な選択でもなかったように思う。近年のように「生涯現役」が美学の研究業界では想像できないことであろうが、二〇世紀の定年にはまだ江戸や明治の隠居老人の美学が残っていたのである。

その二「旧量子」から「新量子」へ

もう一つの背景「物理学の研究情勢」とは本書第1章に述べた二〇二二年のノーベル物理学賞で顕彰された新量子の勃興がその頃に定着したことである。SPDC（自発的パラメトリック下方変換）という量子光学のデバイスの登場で「量子もつれ」の実験が進展したことによる。すでに強大なハイテク社会と魅惑的な最前線科学を作った「旧量子」の展開とは一線を画する「新量子」の勃興である。日本の研究界では目立った動きはなかったが、欧米の基礎物理の研究界で、EPRパラドックスに関連してベルの不等式を提案したジョン・ベルへの評価が盛り上がっていた。宇宙物理、素粒子統一理論、トポロジカル量子物性などの最前線ものにかき消されて、日本のポピュラーサイエンス界では新量子は殆ど無視されていた。当時、『日経サイエンス』や『パリティ』という米国月刊誌の翻訳雑誌があったが、そこにはよく新量子が取り上げられており、日本の一般誌や学会誌とは明らかに温度差があった。

なぜ「量子力学のイデオロギー」？

一九九五年連載のタイトルでなぜ量子力学を「イデオロギー」と結びつけたかを次に述べてお

く。まず断っておくが「頑迷なイデオロギー」といったネガティブな思想の意味で使ったのではない。根拠のはっきりしない流動的な諸々の思想的言辞として用いている。しかし、この時に連載した論考を見ると量子力学そのものはあまり論じておらず、その周辺を論じているに過ぎない。単行本として出版するときに、新たな文章を加えてなんとか看板に偽りなしの体裁になっているに過ぎない。

科学とメタファー

では何を言いたかったかに関係して冒頭の引用文がある。別の文脈で説明すれば次のようにも言える。歴史的にみて物理学のテクニカルな概念が知の世界で「もてはやされる」場面があった。古くは決定論の権化としてのニュートン力学の運動方程式、一九世紀後半の憂鬱と共鳴した宇宙の熱死を予言するクラウジウスのエントロピー、絶対を否定するアインシュタインの相対論、情報喪失としてのブラックホールなどである。前世紀の原子からクオークまで進んだ要素還元主義への反動ともいえる一九七〇年代以降のニューサイエンス・ブームの中では、自己組織化としての散逸構造、決定論としてのカオス、群衆心理としての相転移、自己同一性を放棄する対称性、構造主義と群論などなどがある。一方、一九世紀の資本主義や帝国主義と共鳴したラマルクやダーウィンの生物進化論は、現象が生物界と人間社会で重なるので事情は複雑だが、物理学の

「もてはやされる」概念に重なりはなく、物理学とは無縁な主張や表現のメタファー、小道具、として利用されるものだ。「もてはやして」迫力があるのはそれが時代の精神と気脈が通じたからであろう。それが発見された物理現象を越えて、物理学の概念が人口に膾炙していくことは科学の一つの文化的効用である。ここではそれを科学が発散するイデオロギーと呼んでいる。そして、二〇世紀最大の物理学上の進展である量子力学が発散しているイデオロギーはなんだろうという問題意識であった。

米ソ冷戦崩壊とSSC中止

冒頭の引用文には「科学と鑑賞」というサブタイトルがついている。芸術作品の鑑賞は、創作の意図を探る鑑賞者の意図も含めて、基本は鑑賞者の主導のもとにある。このサブタイトルに込めた意味は、テクニカルな物理学の側から見て、鑑賞者による使われ方が妥当だとか間違っていると言う必要はないと断言している。これを書いたのはいわゆるソーカル事件より前であったと思うが、こういう奇行を誘発する気分が米物理学者側に急速に高まっていると感じていたからである。私が追っていたのは素粒子加速器ＳＳＣの中止事件であり、「ソーシャルスタディ」やフランス哲学のポストモダニズムなどとは別の、米ソ冷戦崩壊である。世界を二分して政治体制の優位性を競っていた米ソ両陣営にとって、素粒子物理学のような最前線研究でも競争に勝ることはそのまま外交・安全保障上の国家戦略であった。大戦での原爆への貢献を機に戦後一貫してこの研究分野は国家的事業であり続けた。ところが冷戦崩壊でこの国家目標は不要になったとばかりに、レーガン政権時に決定して建設中だったＳＳＣの解体を米議会は決議したのである。米民主党政権は国民に「健康保険かヒッグス粒子か」を問い、新たな科学技術政策としてバイオ、情報、環境などを打ち出した。私はこの時期に米国をよく訪れ、米国物理学の世界にはしった衝撃の大きさを体感した。大学の物理学科では、分野を問わず、財政的な慣行の見直しが迫られ、テンヤワンヤの様子であった。また学会機関誌でもこの決定の賛否が論じられ、物理学界以外の識者の評論も載せるなど、政治経済文化にも視野を広げる努力もしていた。

「ソーカル事件」とSSC中止

レーガン大統領は素粒子物理学の理論家ワインバーグと実験家リヒターを両翼に従えてＳＳＣ決定の見せ場を演出していたのだが、国際政治の激変で暗転した。「ワインバーグの『究極理論への夢』[*6]の第七章は「哲学に反対して」である。ここでいわゆる科学に関する哲学に苛立ち、毒づいている。先述のように科学者は、科学と絶対的真理の関係云々は科学遂行上何の影響を持っていないことは分かっていても、科学の道具主義や科学は社会構造体だといった観点から批評されると腹が立つものなのである。それは政治評論家に政治家が腹を立てるようなものである。第

一、ワインバーグは科学の遂行にこれらの議論は何の役にも立っていないと言っているが、初めから科学の、特に物理学のような本家本元の科学の遂行に役立つためのものでないのだから、それは当然である」[*4]。評論家の関心は人間や社会の諸活動への影響なのであり、かつ科学がその重要なアクターと考えているから社会に向けて発信しているわけで、「科学の遂行」に役立たないのは当たり前である。超大物のワインバーグが発した「哲学に反対して」に刺激されて、選ばれて神の法則の探究に人類の先頭に立って邁進していると誇りを持っていたソーカルのような少壮研究者もこの急激な逆境に当惑し、陰謀論的にソーシャルスタディ等の敵を探りあてて奇行に走った、これがサイエンス・ウォー勃発に対する私の歴史認識である。

ソーシャルスタディは超弦理論のどこをどうしろと言っているわけではない。「その意味では科学の哲学は科学本体には作用しないが、科学の社会的イメージを左右する学問であるといえる。そこで語られる学問的規定がそれまでの科学の周りに漠然と漂っていた多くの素朴で牧歌的プラスイメージをいちいちはぎ取っていくのである。それが苛立ちのもとである。これらの論議が明らかにしたことは、各々の説の妥当性というよりも、これまでの科学のイメージとして漂っていたものには何の根拠もないということである」[*4]。社会的権威で丸めこむイメージや牧歌的なイメージではすまなくなったのである。

苦い歴史は忘却

米ソ冷戦崩壊、レーガン、クリントンとヒラリー、「健康保険かヒッグス粒子か」、SSC中止、アル・ゴア、情報ハイウェイ、核からバイオ・環境へ……、様々な次元の異なる言葉が入り乱れた冷戦崩壊直後の米科学界激動をテーマしたのが拙著『科学と幸福』[*4]である。サイエンス・ウォーはこのSSC中止と陸続きの事象であると私は捉えている。SSC中止は原爆以来の米物理学レガシーの終焉でもあった。それは社会的にも学問的にも必然のことであり、だからどの物理学科でも新しい時代に合わせて再編し、ショックによる混乱も一時期のものとして過ぎ去り、関係者にはあまり名誉でもない出来事だったから語り継がれず研究界からは消えていったといえよう。

ソーシャルスタディ忌避は定着

それに反し、サイエンス・ウォーの方は、きっかけの奇矯な行動の賛否は別として、研究者の間に隠然たる効果を残したように見える。エスタブリッシュのサイエンス研究界に比較すればソーシャルスタディなどの業界は吹けば飛ぶような存在である。黙って冷たい目で睨めば鳴りをひそめる存在であることは見透かされているからであろうか。ソーシャルスタディ系の研究者もハードサイエンスの研究者の気分を害さないようにする作法を習得したといえよう。少なくとも図体の大きくなった科学業界を受容する科学社会論は新たな課題である。冒頭の科学の鑑賞の奨励は科学の内部への効果を期待するものではないが、それでも微妙な忖度が漂う中、科学を異質な領域に持ち出すことはハードサイエンスの研究者からの冷たい視線を浴びる雰囲気が醸成されるようになったと言える。

「誤用」と「相対主義」

科学界がソーシャルスタディを忌避する心底には二つの問題がある。一つは理解もせず誤用されることであり、二つには科学の営みを特別視しない相対主義である。「誤用」でも、科学の中で使うのではないから気にしないというのが「科学と鑑賞」の趣旨だが、「誤用」を見させられるのは生理的に気分が悪いというのはわかる気がする。しかし、現代社会は多様な価値観を容認する対話型の社会である。「誤用」を対話のきっかけにする努力も必要と思う。多分、忌避されるより深刻な問題は第二の相対主義助長への懸念であろう。科学を他の諸々の人間活動と並列に見られることへの反発であると言えば、「そんな反発でなく、ファクトかフェイクかの真実が曖昧にされるからだ」と反論されるであろう。その通りだと思うし、議論を深める必要がある。まず相対的の意味であるが、社会の中での科学の位置付けという社会的課題と科学研究現場での真実探究の哲学的意味の二つを区別した上で、両者の関連を見るほうが良いと考える。

相対主義と政治的分断

「科学と鑑賞」で述べたのは前者の社会の中の文化面の一つの交流のことであり、従来の権威主義的な関係性から対話型の関係性へという知的な振るまい方の話である。しかし、文化多元主義と政治目的が結びつくと、ダーウィン進化論や地球温暖化も相対化する教育政策にも発展したりする。米国南部諸州での強固な福音派勢力やトランプ政権支持者などによる政治的分断の一つとしてポスト・トゥルースという現実問題もある。*7 そこでは従来のように「科学だから真実」では通用しない。実績によってまともに説得して信頼を築く課題である。幸い、歴史的実績として、現在、公教育において科学は別格扱であり、信頼醸成の重要な場であると考える。

研究現場での相対主義

相対主義をめぐる後者の研究現場の問題は多様であり、認識論や方法論に関わる面と職業としての士気やプライドに関わる面とがある。前者については、本書で論じてきたエントロピーや量子力学での観測理論もこれに関連している。情報理論であるという意味では認識主体に相対的な理論となることを指摘しておく。また後者に関連しては、先に第6章で論じたが「プランクのマッハ批判」がその嚆矢と言える。歴史は科学者の「職業としての士気やプライドに関わる面」であり、拙著『職業としての科学』[*8]のテーマでもある。トマス・クーンのパラダイム論は研究組織運営論であり、経済の分野で言えば、経営学に相当するように思う。

我々の世代の多くは、科学は人類の歴史的展開とともに進歩してきたという『歴史における科学』[*9]に深く感服して、人類の幸福に貢献する意気に燃えてこの道を選んだ。これはマルクス主義の下部構造に支配される上部構造として科学を描く壮大なスキームの一環であり、科学が社会に相対的だとは何もポストモダンの専売ではない。科学が諸々の人間活動の中で特徴的なのは実験主義である。絶えず対象に触りつつ展開するから間違いのない処方箋が書けるのである。アームチェアの学問ではなく、身体をはって実験する新たな職業として「サイエンティスト」という言葉が誕生したのだ。[*10]人間社会と自然の二方面に様々なメカニクスを発明して、足を突っ込んでいるのが科学である。そして善悪を弁えず社会を変えるイノベーションの力を発揮するから、シビリアンコントロールのもとに置かれなければならないのである。

相対主義が引き起こす危うさは事実であるが、絶対主義が引き起こす現象もグロテスクである。戦後世代の科学者に突きつけられた問題に核兵器など科学の負の部分があり、それは科学は絶対善ではないという科学者の社会的責任を問うものだった。しかし、奇妙な話だが、科学が自然法則探求が絶対善なら、自分は自然探求に没頭して人類に貢献するというエクスキューズが持ち込めるのである。サイエンス・ウォーの核心は人間の身体や社会の諸々の要因が科学に影響を与えているどうかである。ところが、「人間がいてもいなくとも変わらない」自然法則の探求とは、科学の人間的要素をできるだけ排除することである。ひとかどの人間として人類社会に貢献したいと思ったとき、宗教的パッションでの科学没頭主義に社会的責任論回避の基礎を提供するのである。「科学にしかやれないことで人類に貢献している」と。

マルクス主義全盛期、唯物論的法則観と政治的社会実践が実存的に抱き合わせで提起されていた。そういう政治性が纏いついていた科学の歴史など忘却したエスタブリッシュ科学界が定着した現在、この奇妙な「抱き合わせ」が姿を変えて再生しているように思える。すなわち、一九八〇年代以降の非政治化した科学者の平均的意識として「科学没頭主義が自動的に人類貢献である」という論理が忍び込んだように思う。左翼思想が社会的に弱体化して世間的に見えにくくなると、科学は人類の知的活動の中では別格だとお墨付きを与えたのが唯物論思想であったことなど意識させない時代になっている。こうなると「メカニクス」の徒に堕ちることへの抵抗からか、[*11]むしろ人間界を超越した存在と人間の聖なる媒介者であると自らを想定する意識が高まる。したがってこの「聖性」を弁えない外部からの科学批評や「もてはやし」などは生理的に忌避するのである。それは史的唯物論による社会発展の法則の操縦者と自認する前衛党が外部からの批評を激しく拒否するのに似ている。論理的には奇妙でもこれが広がるのは、科学者にとって社会的に心地よいものだからである。社会的というよりもミーハー的に心地良い職業だからである。これがポスト・「サイエンス・ウォー」の時代の後に広がった風景なような気がする。しかしこの安穏な状況を揺さぶるかもしれないのが新量子が描く科学の姿である。科学は「人間がいてもいなくとも変わらない」自然法則の探求ではないのである。

註

＊1　佐藤文隆『量子力学のイデオロギー』青土社、一九九七年。
＊2　アラン・ソーカル＋ジャン・ブリクモン『「知」の欺瞞――ポストモダン思想における科学の濫用』田崎晴明ほか訳、岩波書店、二〇〇〇年（岩波現代文庫、二〇一二年）。
＊3　金森修『サイエンス・ウォーズ』東京大学出版会、二〇〇〇年。
＊4　佐藤文隆『科学と幸福』岩波書店、一九九五年（岩波現代文庫、二〇〇〇年）。
＊5　佐藤文隆『量子力学が描く希望の世界』青土社、二〇一八年。
＊6　スティーヴン・ワインバーグ『究極理論への夢――自然界の最終法則を求めて』小尾信彌・加藤正昭訳、ダイヤモンド社、一九九四年。

＊7　佐藤文隆「トランプ政権が抉り出したもの」『転換期の科学――「パッケージ」から「バラ売り」へ』第1章、青土社、二〇二二年。
＊8　佐藤文隆『職業としての科学』岩波新書、二〇一一年。
＊9　J・D・バナール『歴史における科学』鎮目恭夫訳、みすず書房、一九六六年。
＊10　佐藤文隆「新語「サイエンティスト」への抵抗」『転換期の科学』第四章、青土社、二〇二二年。
＊11　佐藤文隆『「メカニクス」の科学論』青土社、二〇二〇年。

おわりに

本書は『現代思想』誌に二〇二二年一一月から二〇二三年一一月までの間の一二回にわたる連載で掲載された論考に加筆して上梓したものである。『現代思想』編集者の樫田祐一郎氏には毎回文章の整頓だけでなく、適切なコメントと励ましを頂き書き繋ぐエネルギーになりました。感謝申し上げます。また本書の発行について今回も青土社編集部の菱沼達也氏にお世話になりお礼を申し上げます。今回で一〇冊目になる。初めて菱沼氏と会ったのは二〇一〇年の夏であったが、その後『現代思想』の連載の誘いを受け、現在も続いており、間もなく一〇〇回になろうとしている。量子力学への私の個人的な執着とこの雑誌との巡り合いは本書12章に書いたが、「定年の美学」であったものが、近年のように業界的に〝賑わってくる〟とは予想しなかった。未来は読めないものだという実感である。

二〇二四年早春
「新しい戦前」がなぜか実感となる空気を感じながら

佐藤文隆

著者　佐藤文隆（さとう・ふみたか）

1938 年山形県鮎貝村（現白鷹町）生まれ。60 年京都大学理学部卒。京都大学基礎物理学研究所長、京都大学理学部長、日本物理学会会長、日本学術会議会員、湯川記念財団理事長などを歴任。1973 年にブラックホールの解明につながるアインシュタイン方程式におけるトミマツ・サトウ解を発見し、仁科記念賞受賞。1999 年に紫綬褒章、2013 年に瑞宝中綬章を受けた。京都大学名誉教授、元甲南大学教授。

著書に『アインシュタインが考えたこと』（岩波ジュニア新書、1981）、『宇宙論への招待』（岩波新書、1988）、『物理学の世紀』（集英社新書、1999）、『科学と幸福』（岩波現代文庫、2000）、『職業としての科学』（岩波新書、2011）、『量子力学は世界を記述できるか』（青土社、2011）、『科学と人間』（青土社、2013）、『科学者には世界がこう見える』（青土社、2014）、『科学者、あたりまえを疑う』（青土社、2015）、『歴史のなかの科学』（青土社、2017）、『佐藤文隆先生の量子論』（講談社ブルーバックス、2017）、『量子力学が描く希望の世界』（青土社、2018）、『ある物理学者の回想』（青土社、2019）、『「メカニクス」の科学論』（青土社、2020）、『転換期の科学』（青土社、2022）など多数。

量子力学の 100 年

2024 年 3 月 30 日　第 1 刷発行
2024 年 11 月 20 日　第 4 刷発行

著　者　佐藤文隆

発行人　清水一人
発行所　青土社
東京都千代田区神田神保町 1-29　市瀬ビル　〒 101-0051
電話　03-3291-9831（編集）　03-3294-7829（営業）
振替　00190-7-192955

印刷・製本　双文社印刷

装　丁　水戸部 功

ISBN978-4-7917-7634-4

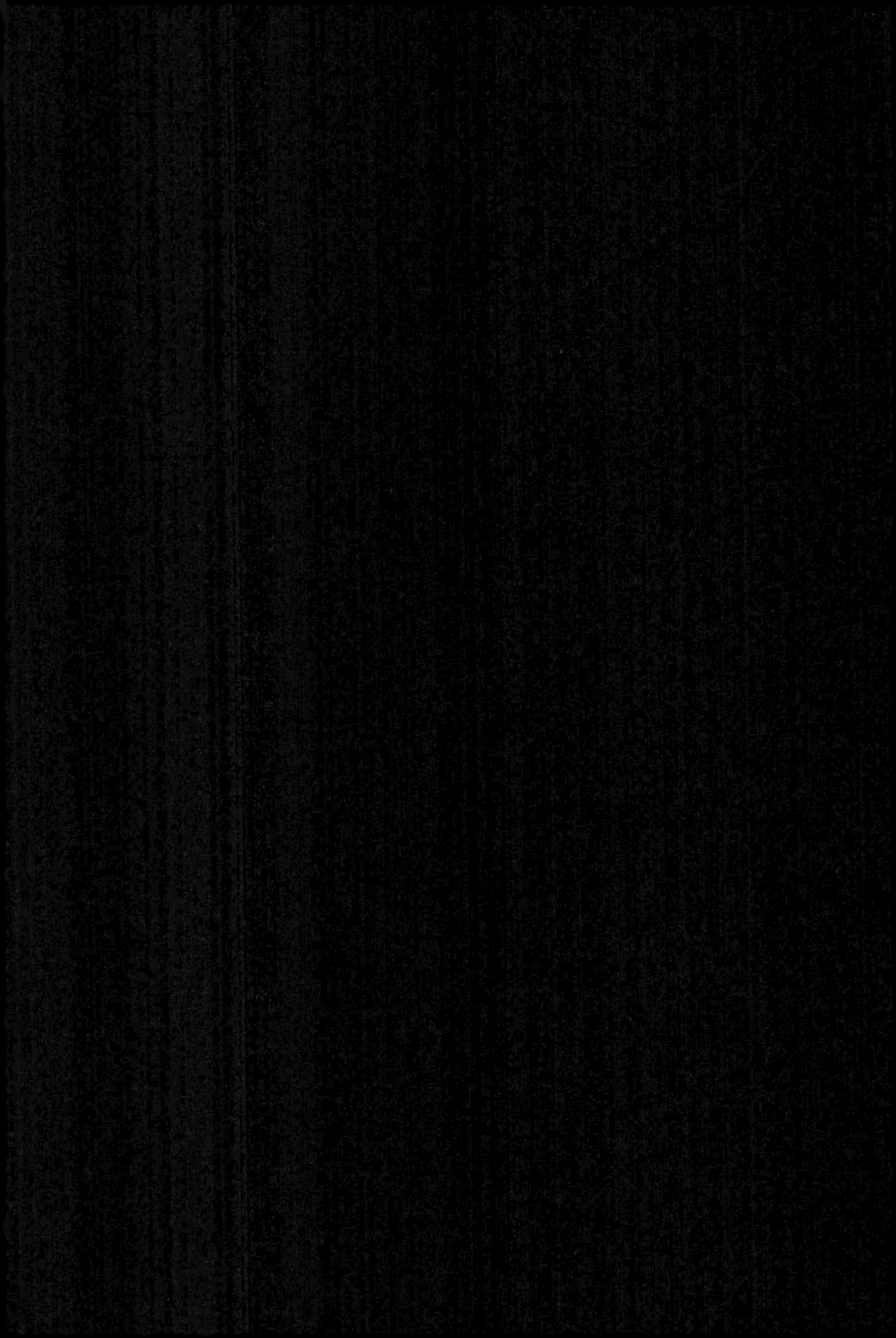